W0314879

Indien

Weitere Bände in der Reihe „Auf Tour“:

- Armin Hüttermann, Irland (ISBN 978-3-8274-2782-2)
- Elmar Kulke, Kuba (ISBN 978-3-8274-2596-6)
- Elisabeth Schmitt/Thomas Schmitt, Mallorca (ISBN 978-3-8274-2791-5)

Klaus-Dieter Hupke / Ulrike Ohl

Indien

Auf Tour

Spektrum
AKADEMISCHER VERLAG

Prof. Dr. Klaus-Dieter Hupke
Pädagogische Hochschule Heidelberg
Geographie und ihre Didaktik
Czernyring 22/11
69115 Heidelberg
hupke@ph-heidelberg.de

Dr. Ulrike Ohl
Institut für Geographie der Universität Duisburg-Essen
Schützenbahn 70, SR 004, 45117 Essen
ulrike.ohl@uni-due.de

Bibliografische Information der Deutschen Nationalbibliothek
Die Deutsche Nationalbibliothek verzeichnet diese Publikation in der Deutschen Nationalbibliografie; detaillierte bibliografische Daten sind im Internet über http://dnb.d-nb.de abrufbar.

Springer ist ein Unternehmen von Springer Science+Business Media
springer.de

11 12 13 14 15 5 4 3 2 1

Planung und Lektorat: Merlet Behncke-Braunbeck, Bettina Saglio
Redaktion: Dr. Peter Wittmann
Satz: TypoStudio Tobias Schaedla, Heidelberg
Umschlaggestaltung: SpieszDesign, Neu-Ulm
Titelfotografie: Andrea Willig
Fotos: siehe Bildnachweis
Grafiken: Graphik & Text Studio Dr. Wolfgang Zettlmeier

ISBN 978-3-8274-2609-3

Inhalt

Das Erste, was einem Besucher an Indien ins Auge fällt, ist der völlig chaotische Straßenverkehr: Autos, Busse, Lastwagen, dreirädrige Gefährte mit und ohne Motor drängen sich in einer solchen Dichte, dass man sich fragt, wie ein Vorwärtskommen überhaupt möglich ist. Mindestabstände zwischen den Verkehrsteilnehmern scheinen nicht zu bestehen, wo sich eine Lücke auftut, wird sie sofort von mehr als einer Seite besetzt. Fahrspuren sind in aller Regel nicht eingezeichnet und werden auch nicht respektiert. Verkehrsampeln gibt es nur wenige. Es wird unablässig gehupt, dichte Abgaswolken wabern über die Straßen. Dazu versuchen dichte Trauben von Fußgängern, quer zum Verkehr über die Fahrbahn zu kommen. Unfälle scheinen in diesem wilden Durcheinander vorprogrammiert, dass sich deren Zahl dennoch in Grenzen hält, ist der Reaktionsschnelligkeit und dem Improvisationstalent der Verkehrsteilnehmer zu verdanken. In vieler Hinsicht ist der Straßenverkehr ein Abbild der indischen Gesellschaft im Ganzen: Jeder versucht, oft gegen den Strom, ein Ziel zu erreichen, weicht geschickt aus und schafft sich Nischen – armselige zwar, aber das Ganze funktioniert irgendwie und gewährt unzählig vielen Menschen auf engstem Raum relativ viel Bewegung und Fortkommen.

Verkehrsaufkommen in Hyderabad.

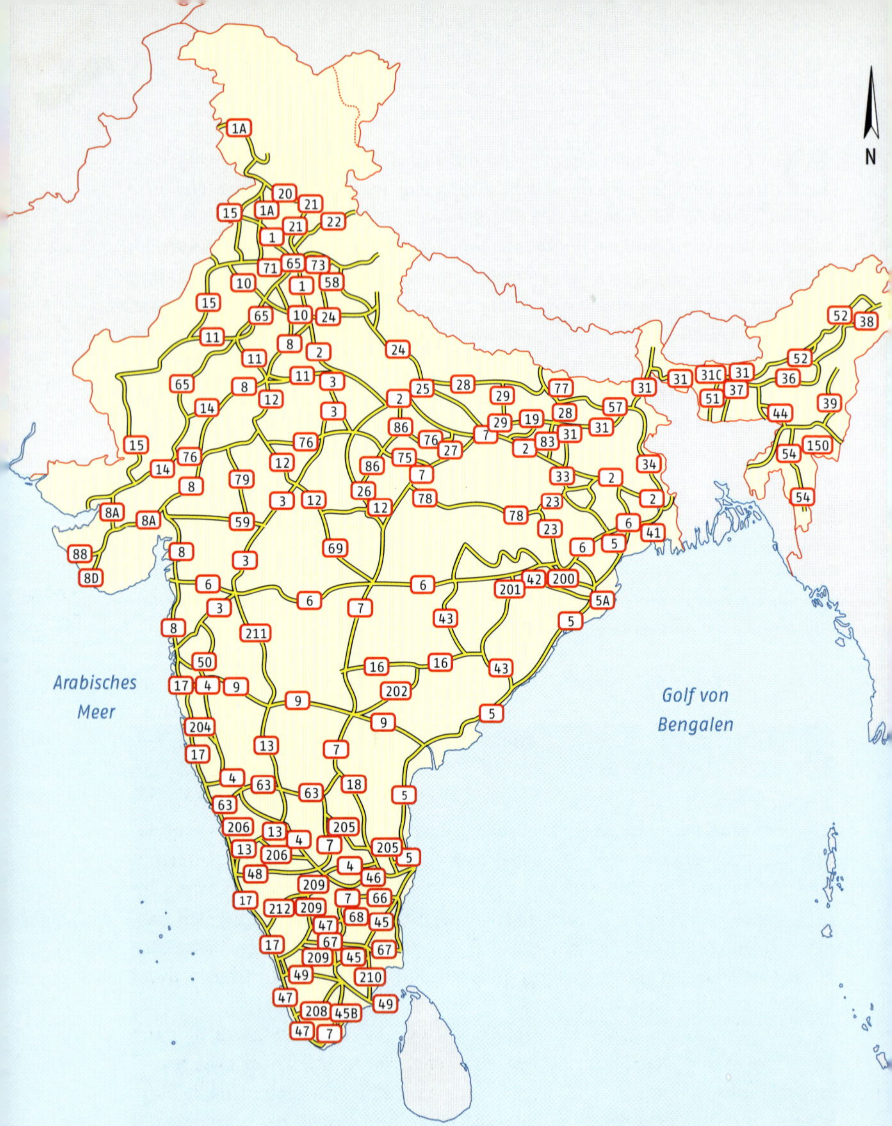

Karte nicht maßstabsgetreu

1 Spiegelbild der Gesellschaft: Die Straßen von Indien

Indiens Straßen sind chaotisch. Dazu trägt die enorme Menschendichte vor allem in den Zentren der großen Städte bei. Hinzu kommt die Vielfalt unterschiedlicher Transportmittel, von denen etwa die Ochsenkarren einer bereits vergangenen Welt anzugehören scheinen. Andere, wie die dreirädrigen Motor-Rikschas, gehören mit ihren stinkenden Verbrennungsmotoren eher noch ins frühe 20. Jahrhundert. Und wieder andere, wie die neuen Toyota-Pkws, repräsentieren eindeutig das 21. Jahrhundert, von den zahlreicher werdenden westlichen Luxusautos ganz zu schweigen. Die weit überwiegende Mehrheit der Straßenbevölkerung bewegt sich allerdings zu Fuß fort, was vor allem bei Straßenüberquerungen zum Problem werden kann. Am einfachsten gelingt dies noch in der spätnachmittäglichen Rushhour, wenn der Verkehr ohnehin stockt.

Die Menschen nehmen die täglichen Widrigkeiten des Straßenverkehrs mit erstaunlicher Gelassenheit auf. Ein schnelles Reaktionsvermögen und Improvisationstalent, welches den Indern auch sonst im Leben nachgesagt wird, halten die Zahl der Verkehrsunfälle immerhin in Grenzen. Insgesamt kommen auf den Straßen Indiens prozentual nicht mehr Verkehrsteilnehmer bei Unfällen ums Leben wie in Deutschland. Allerdings muss man bedenken, dass die Zahl vor allem der Pkws im Verhältnis zur Bevölkerung in

◄ Gesamtnetz indischer National Highways (entspricht Bundesstraßen UND Autobahnen in Deutschland).

Traditionelle Straßennutzung: Der Ochsenkarren.

Deutschland um ein Vielfaches höher liegt. Die wachsende Motorisierung der indischen Gesellschaft wird in Zukunft mit großer Sicherheit dazu führen, dass Verkehrsunfälle auf der Liste der häufigsten Todesursachen einen oberen Rang einnehmen werden.

Wie allgemein beklagt wird, wächst der individuelle Verkehr in Indien stärker als die dazugehörige Infrastruktur, was die Verkehrsverhältnisse prinzipiell verschlechtert. Dennoch hat die indische Regierung in den vergangenen Jahren viel Geld investiert, um das Straßennetz zu verbessern. Zwischen den großen Städten und Verdichtungsräumen des Landes gibt es heute Autobahnen, die durchaus diesen Namen verdienen. Aber auch in der Anbindung peripherer ländlicher Räume hat sich vieles zum Positiven verändert. Die meisten indischen Dörfer, die früher während der Regenzeit oft wochenlang isoliert waren, können heute auf asphaltierten Straßen ganzjährig erreicht werden.

Nach wie vor sehr langsam und für den raschen Personentransport ziemlich ungeeignet sind die indischen Eisenbahnen. Allerdings gibt es vor allem in den Bergländern einige landschaftlich reizvolle Strecken, auf denen der Reisende die Naturschönheiten gerade bei niedriger Geschwindigkeit intensiv erleben kann („Toy Trains“).

Rikschas

Die Moped-Rikscha ist die häufigste Form des Taxis in Indien. Jeder Reisende, der nicht im Reisebus oder im Mietwagen mit eigenem Fahrer unterwegs ist, wird irgendwann einmal Gebrauch davon machen. Sie sind preisgünstig und fahren fast überall hin.

Ursprünglich waren Rikschas zweirädrige Karren mit zwei überdachten Sitzplätzen in der Art einer Kalesche, die von einem Kuli im Dauerlauf durch die Stadt gezogen wurde. Solche Rikschas hat man noch bis in die 1980er Jahre in indischen Städten beobachten können. Doch schon damals waren Fahrrad-Rikschas üblicher, die schneller waren und für den Kuli weniger Kraft raubend. Aber es gab auch schon Moped-Rikschas. Die motorisierte Variante des für Indien typischen Transportmittels war zwar in Anschaffung und Energieverbrauch teurer, aber nochmals schneller. Nicht die steigenden Löhne haben den Kuli-Rikschas und schließlich den Fahrrad-Rikschas ökonomisch das Wasser abgegraben, sondern der Vorteil, den der Reisende bei den schnelleren Moped-Rikschas hat. Die langsamen Kuli-Rikschas mussten im Vergleich so billig werden, dass der Kuli sich von seinen Rikschas selbst unter indischen Lebensansprüchen beim besten Willen nicht mehr ernähren konnte.

In vielen Teilen Indiens ist die dreirädrige Moped-Rikscha das häufigste Verkehrsmittel. Es ist gerade im dichten Verkehrsgedränge wendig und schnell, und es kostet nur wenige Rupien.

Moped-Rikscha im Wartestand.

Indische Höflichkeit – oder: Die Schwierigkeit eine genaue Auskunft zu erhalten

Wer mit öffentlichen Bussen reist, braucht einen Busfahrplan. Den gibt es in Indien zumeist nicht, zumindest nicht in Form eines Aushanges. Aber man spricht ja schließlich Englisch wie viele Inder auch. Also fragt man einen Passanten und erhält auch prompt eine genaue Auskunft. Findet man sich am nächsten Tag zu der angegebenen Zeit an der Haltestelle ein, ist weit und breit kein Bus zu sehen. Man erfährt dann oft durch Nachfragen, dass dieser bereits, sagen wir vor einer Stunde, abgefahren ist. Man fragt sich: Wie hat sich der Passant, von dem man doch am Vortag eine so klare Auskunft erhalten hat, so sehr täuschen können? Die richtige Erklärung wird in vielen Fällen sein, dass der Angesprochene überhaupt nichts wusste, jedenfalls nichts über die lokalen Busabfahrtzeiten. Allerdings war er höflich und freundlich genug, den Fremden, der offensichtlich Hilfe brauchte, nicht einfach so stehen zu lassen. Eine „erfundene" Abfahrtzeit entspannt da die Situation, macht den Fremden glücklich und fördert eine angenehme Atmosphäre. Dass der Fragesteller vermutlich am nächsten Tag enttäuscht sein wird, interessiert dabei nicht. Was zählt, ist das Hier und Jetzt, und anderntags wird man sich ohnehin nicht mehr begegnen. Da ist es doch besser, man verabschiedet sich auf beiden Seiten mit einem zufriedenen Lächeln…

– Ist diese Denkart so schwer nachvollziehbar?

Unfälle mit schweren Lkw sind auf Indiens Straßen keine Seltenheit – Schuld sind oft schlecht gewartete Fahrzeuge und riskante Überholmanöver.

Pärchen auf einem Motorrad. Nicht selten sieht man auch drei oder mehr Personen auf einem Moped oder Motorrad.

Tata stellt das billigste Auto der Welt vor

Als Ratan Tata höchstselbst den Prototyp des neuen „Volksautos“ auf die Bühne steuert, brandet lauter Jubel und tosender Applaus auf. Rund 2000 Menschen drängen sich in der Halle 11 der Auto Expo in Indiens Hauptstadt Delhi, um einen ersten Blick auf das billigste Auto der Welt zu erhaschen. Und Ratan Tata, der Boss des Mischkonzerns Tata, ist der Star der Stunde. So groß ist der Andrang, dass es am Eingang zu Krawallen und wütenden Tumulten kommt, weil nicht alle reinkommen.

„Tata nano“ hat der 70-Jährige das neue Sparauto getauft. „Nano“ heißt auf Griechisch Zwerg. 100 000 Rupien ohne Steuern und Transportkosten, umgerechnet rund 1 700 Euro, kostet der Viertürer und damit nur rund die Hälfte des bisher preiswertesten Autos in Indien. Damit schreibt der Inder Autogeschichte. Für Millionen Menschen in den Schwellenländern rückt der Traum vom eigenen Wagen damit in greifbare Nähe.

Die technischen Details werden sogar mit den Errungenschaften der Menschheit wie dem ersten Mann auf dem Mond vor fast 40 Jahren in eine Reihe gestellt. Dabei soll der Nano, gewissermaßen die indische Variante des deutschen Volkswagens, vor allem Mopeds und Motorrädern Konkurrenz machen, die bisher der aufstrebenden Mittelschicht Indiens als Familienkutsche dienen. Oft drängen sich Vater, Mutter und drei Kinder auf einem Zweirad. Der viertürige Nano soll nun eine Alternative sein. Viele Umweltschützer halten das Billigstauto für die Massen jedoch für einen Albtraum. Sie fürchten, dass die Städte noch mehr in Staus und Abgasen ersticken. Diese Kritik will Ratan Tata nicht gelten lassen. Der Wagen verbrauche gerade mal fünf Liter Benzin auf 100 Kilometer. Einige Teile bestehen aus Plastik, deshalb ist das Auto besonders leicht. Der CO_2-Ausstoß soll unter 100 Gramm pro Kilometer liegen. Damit erfüllt der Wagen die Umweltauflagen Indiens und weltweit.

[...]

Der „Zwerg“ bietet Platz für mindestens vier Personen, in Indien dürften sich wahrscheinlich auch locker sechs Personen hineinquetschen. Angetrieben wird der Nano von einem 33 PS starken 632-Kubikzentimeter-Zweizylindermotor. Zum Vergleich: Einige Porsche bringen es auf 300 bis 400 PS. Dennoch soll es der Nano angeblich auf eine Höchstgeschwindigkeit von knapp über 100 Stundenkilometern schaffen. Es soll ihn in zwei Versionen geben: Standard ohne jeglichen Komfort und Deluxe mit Klimaanlage.

[...]

Derzeit baut Tata Motors noch eine Fabrik, die jährlich 250 000 Nanos produzieren kann. Mittelfristig erwartet Tata eine Nachfrage von über eine Million. Zunächst will sich Tata Motors auf den indischen Markt konzentrieren, aber später will der Autohersteller auch Südostasien, Afrika und Lateinamerika ins Visier nehmen.

Aus: Christine Möllhoff, in: Stuttgarter Zeitung vom 11.8.2008.

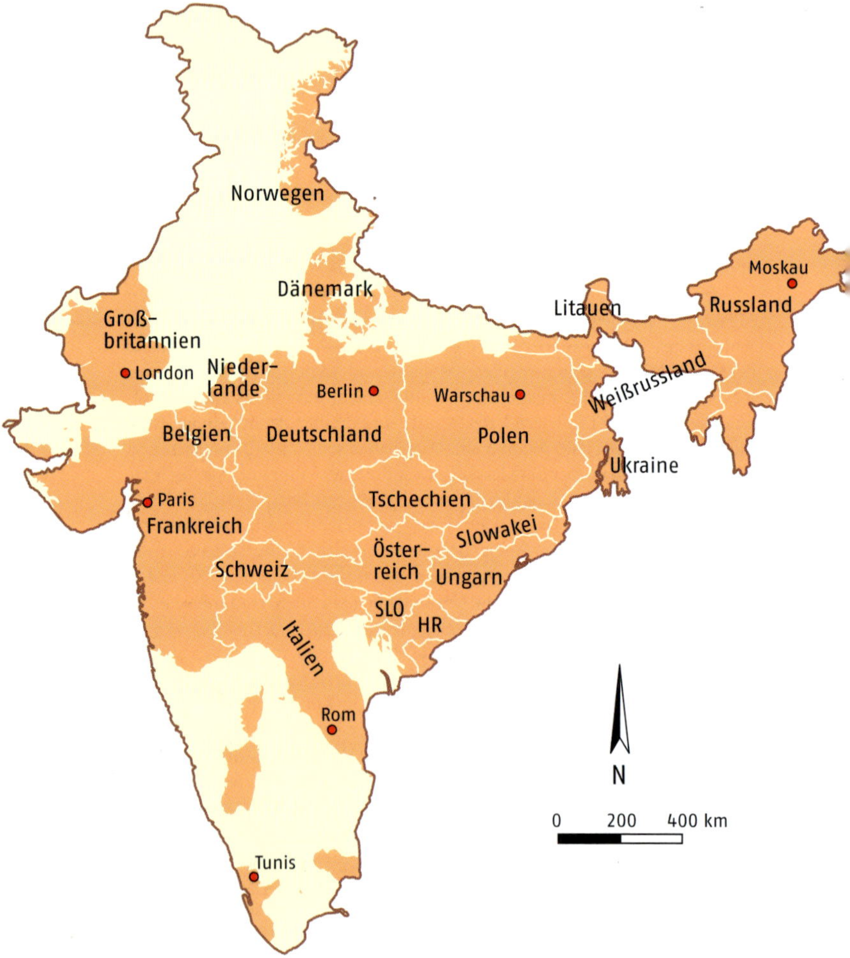

Dimensionen Indiens, eingebettet in die Landkarte Europas.

2 Kurzer Einblick in Staat und Gesellschaft

Indien – ein Staat von (sub-)kontinentalen Ausmaßen

Mit derzeit 1,2 Milliarden Menschen steht Indien auf Platz zwei der bevölkerungsreichsten Länder der Erde. Von der Volksrepublik China trennen Indien noch rund 200 Millionen Menschen, die das Land aber in den kommenden zwei Jahrzehnten aufholen dürfte. Indiens Bevölkerung wächst nämlich noch um etwas mehr als ein Prozent pro Jahr. Der Subkontinent liegt damit im internationalen Vergleich im Mittelfeld, vergrößert sich aber immerhin etwa alle fünf bis sechs Jahre um die Einwohnerzahl Deutschlands. Anders als China, das nahezu keinen Geburtenüberschuss hat und einer allmählichen Überalterung entgegen geht, schwächt sich das indische Bevölkerungswachstum über Jahrzehnte nur ganz allmählich ab.

Indien ist auch räumlich gesehen ein Gigant und mit einer Fläche von drei Millionen Quadratkilometern fast zehnmal größer als Deutschland. Die Siedlungsdichte ist insgesamt nicht viel größer als in Deutschland, variiert aber regional sehr stark. Neben den extrem bevölkerten Stromtiefländern im Norden sind viele Küstenstriche mit fruchtbaren Schwemmböden, etwa in Kerala im Südwesten, intensiv landwirtschaftlich genutzt und durch hohe Konzentrationen der bäuerlichen Bevölkerung gekennzeichnet. Die größten Bevölkerungsdichten weisen die Megacities oder Supermetropolen des Landes mit mehr als fünf Millionen Einwohnern auf: Mumbai (Bombay), Delhi, Kolkata (Kalkutta), Bangalore, Madras (Chennai) und Hyderabad. Gleichzeitig gibt es dünn besiedelte, teilweise nahezu menschenleere Landstriche, etwa im Nordosten, aber auch in Zentralindien im nördlichen Hochland von Dekkan.

In vieler Hinsicht gleicht Indien sowohl in seinen Dimensionen als auch in seiner sprachlich-kulturellen Vielfalt weniger einem Einzelstaat als vielmehr einem Staatenbund (wie beispielsweie der EU) – mit 19 Amtssprachen. Konflikte hat es nach der Unabhängigkeit im Jahr 1947 gegeben, als die südindischen Staaten die Ersetzung der Kolonialsprache Englisch durch das nordindische Hindi nicht akzeptieren wollten. Die Gerichtssprache in ganz Indien ist Englisch geblieben. Englisch ist auch die Basis, auf der sich die gebildeten Inder unterschiedlicher Herkunftsregionen zumeist bis heute verständigen.

Rückständiges Land im Wirtschaftsboom?

Seit dem 18. Jahrhundert wurde Indien als „entlegener" Kulturraum gerade auch in Deutschland gewissermaßen als romantisches Gegenbild zum Westen idealisiert. Dieses Bild ist voll von esoterischen Geheimnissen und ungeheuren Reichtümern an Sprache, Kunst und Kultur. Es handelt sich aber weitgehend um eine intellektuelle Sichtweise, zentriert um die Indologie als eine sich neu bildende Wissenschaft.

Die massenmediale Rezeption setzte dagegen über Generationen hinweg andere Schwerpunkte. Indien ist im Westen, und besonders in Deutschland,

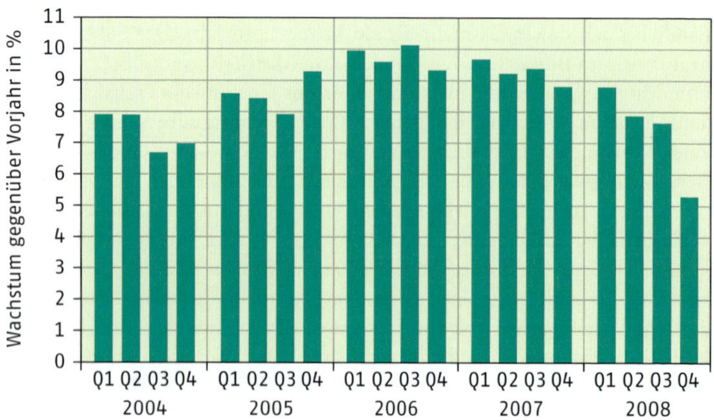

Wachstum des indischen Bruttoinlandprodukts. Die Prozentangaben der Jahresquartale beziehen sich auf das Wachstum im Vergleich zum entsprechenden Quartal des Vorjahres, stellen also das momentane Jahreswachstum dar. Quelle: MOSPI, Deka Bank.

weithin als Produkt von Defiziten gesehen worden. Indien war einfach ein Land, dem vieles, wenn nicht fast alles fehlte, und in dem Probleme das einzige waren, was es im Überfluss gab – angefangen bei Unterernährung und Hunger über unzureichende Hygiene bis zu gefährlichen Seuchen und Tropenkrankheiten.

Aber die Schreckensbilder verblassen allmählich. Seit wenigen Jahren schlägt einem im Bekanntenkreis nicht mehr pauschales Unverständnis entgegen, wenn man sich für eine Reise nach Indien entschieden hat. Im Gegenteil: Der Maschinenbauingenieur oder der Betriebswirt im Freundeskreis waren oftmals schon dort; als Angestellter seines Betriebs, um etwa ein Zweigwerk aufzusuchen oder ein Jointventure vorzubereiten.

Diese jüngeren Entwicklungen sind das Ergebnis von Wirtschaftsreformen, die seit Anfang der 1990er Jahre durchgeführt wurden. Mit Hilfe von Bürokratieabbau, Rechtsreformen und Steuersenkungen wurden ausländische Firmen ins Land gezogen. Die treibende Kraft dieser Modernisierungspolitik ist neben der allgegenwärtigen Kongresspartei, entgegen den vorgefassten westlichen Erwartungen, vor allem auch die Kommunistische Partei Indiens (CPI) gewesen.

Indien hat in den vergangenen Jahren ein recht stabiles Wirtschaftswachstum von rund acht Prozent erreicht. Profitiert haben davon vor allem Familien, Kasten und soziale Schichten, die Kapital besitzen – oder zumindest eine gute berufliche Qualifikation – und die fließend Englisch sprechen. Alle anderen sozialen Gruppen, und das ist die Mehrheit der indischen Gesellschaft, haben aus dem Aufschwung deutlich weniger Vorteile ziehen können oder sind im Vergleich zu den 1980er Jahren sogar zurückgefallen.

Vielfach wird im In- und Ausland Kritik laut an der sich öffnenden sozialen Schere als Folge der ökonomischen Liberalisierung. Diese Kritik ist im Kern berechtigt. Nicht zu unterschätzen ist auch der Verlust traditioneller Kultur durch westliche Fernsehsender und westliche Konsumgüterketten. Dennoch haben sich die Lebensbedingungen auch für die Ärmsten der indischen Bevölkerung in den vergangenen zwei Jahrzehnten deutlich gebessert. Hunger ist zumindest als Massenerscheinung kein generelles indisches Problem mehr. Oft hilft den Obdachlosen schon eine Folie, um sich vor dem heftigen Monsunregen besser schützen zu können und damit die Lebensbedingungen zu verbessern. Gemessen an den Fortschritten der reicheren Schichten erscheint dies wenig. Dennoch ist es vielleicht für den einen ein größerer Fortschritt, einen solchen Regenschutz zu besitzen, als für den anderen das zweite oder dritte Auto. Selbst wenn die unteren sozialen Schichten nicht direkt zum Adressaten der neu geschaffenen Wertschöpfung werden, so profitieren sie doch von den positiven Effekten einer insgesamt prosperierenden indischen Gesellschaft.

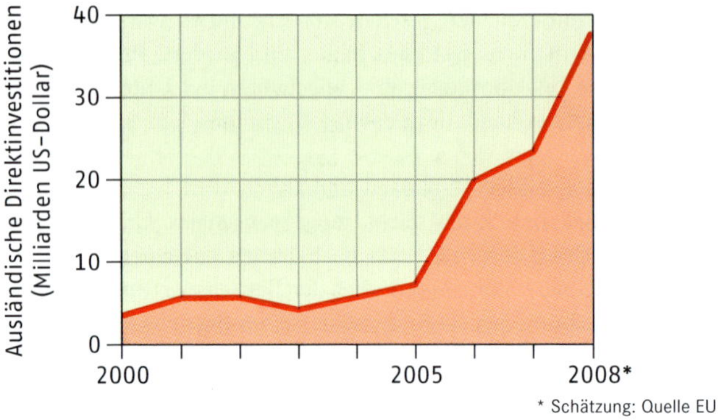

Anstieg der ausländischen Direktinvestitionen in Indien in Milliarden Dollar. Quelle: Wirtschaftwoche 17.11.2008 (www.wiwo.de).

Die jüngste Phase der Weltgeschichte ist reich an Wendepunkten. Nach dem Ende des Kalten Krieges ist das Aufkommen neuer Mächte mit dem wirtschaftlichen Erfolg Chinas und Indiens sicherlich eine der eindrucksvollsten Entwicklungen. Wer heute Indien bereist, erlebt gewissermaßen eine Weltmacht im Geburtsstadium. Dazu gehört ein äußerst rascher Wandel inmitten einer erstaunlichen Vielfalt an Ungleichzeitigkeit. Hier liegen einige der Ursachen für die vielen Facetten dieses faszinierenden Landes.

Indien – ein „babylonischer Turm"? Von Völkern und Sprachen

Indien ist nicht nur ein Vielvölkerstaat im Sinne eines staatlichen Nebeneinanders unterschiedlicher Schriftsprachen; es haben sich sogar mehrere unterschiedliche Schrifttypen entwickelt, wobei die nordindischen wie auch die südindischen Schriften in einer gewissen Verwandtschaft zueinander stehen.

Vor allem aber gibt es zwei unterschiedliche Sprachfamilien. Im Norden dominieren die indoeuropäischen Völker, die entfernte Sprachverwandtschaft mit der persischen und mit den europäischen Sprachen aufweisen. Hier leben die meisten Inder. Die bedeutendste Sprache ist Hindi, das im oberen und mittleren Gangestiefland gesprochen wird. Weitere nordindische Sprachen sind so nahe mit Hindi verwandt, dass die Sprecher sich mühelos verstehen können. Etwas abgesetzt ist dagegen Bengali, die Sprache der Region um Kalkutta in Nordostindien, welche auch im benachbarten Bangladesch gesprochen wird. Urdu, welches unter nordindischen Muslimen verbreitet ist, entspricht dem Hindi im mündlichen Gebrauch, verwendet aber die arabische Schrift. Südindien wird von Sprechern der Dravida-Sprachgruppe bewohnt, die Hauptsprachen sind Malayalam (in Kerala), Tamil (in Tamil Nadu), Kannada (in Karnataka) und Telugu (in Andhra Pradesh).

Die gängige historische Sichtweise geht seit dem 19. Jahrhundert davon aus, dass kriegerische Nomaden aus dem Nordwesten, dem heutigen Nordpakistan und Afghanistan, eingewandert sind und die genuin indische Dravida-Bevölkerung von diesen zugewanderten „Ariern" assimiliert oder bis nach Südindien zurückgedrängt wurde. Manche Forscher widersprechen heute dieser Vorstellung (Bergunder u. Rahul 2002). Sprachverwandtschaft, in diesem Fall zwischen dem Hindi und den persisch-europäischen Sprachen, muss nicht notwendig durch Zuwanderung und schon gar nicht durch Krieg und Niederlage entstanden sein. Sprache, so ihr Einwand, ist ein mobiles Element menschlicher Kultur, und Völker können Elemente einer fremden Sprache im Sinne einer räumlichen Kettenstruktur einfach übernommen haben – ohne dass man größere Wanderungsbewegungen voraussetzen müsste.

Insgesamt sind in Indien 19 Sprachen als Amtssprachen offiziell anerkannt. Sprachen liefern das Hauptkriterium für die Gliederung Indiens in die momentan 28 Bundesstaaten, von denen sich mehrere seit den 1970er Jahren durch Abspaltung neu gebildet haben.

„Lob der Unübersichtlichkeit" – Die politischen Verhältnisse in Indien

Regierungsaufbau und Gewaltenteilung wurden nach dem Vorbild der ehemaligen britischen Kolonialmacht gestaltet und entsprechen in jeder Hinsicht dem westlichen Modell. Da Indien etwa in der gleichen Zeit wie die Bundesrepublik Deutschland seine Verfassung schuf, sind auch große Gemeinsamkeiten zwischen diesen beiden Staaten festzustellen.

An der formalen Spitze der Regierung steht der Präsident beziehungsweise im Augenblick die Präsidentin Pratibha Patil, die aber ähnlich wie in Deutschland nicht die Tagespolitik gestaltet. Das ist Aufgabe des Prime Minister, der somit in vieler Hinsicht der deutschen Bundeskanzlerin entspricht. Dieser sucht sich eine Regierungsmannschaft an Ministern, stellt das Regierungsprogramm auf und setzt es mit Hilfe seiner Parlamentsmehrheit um.

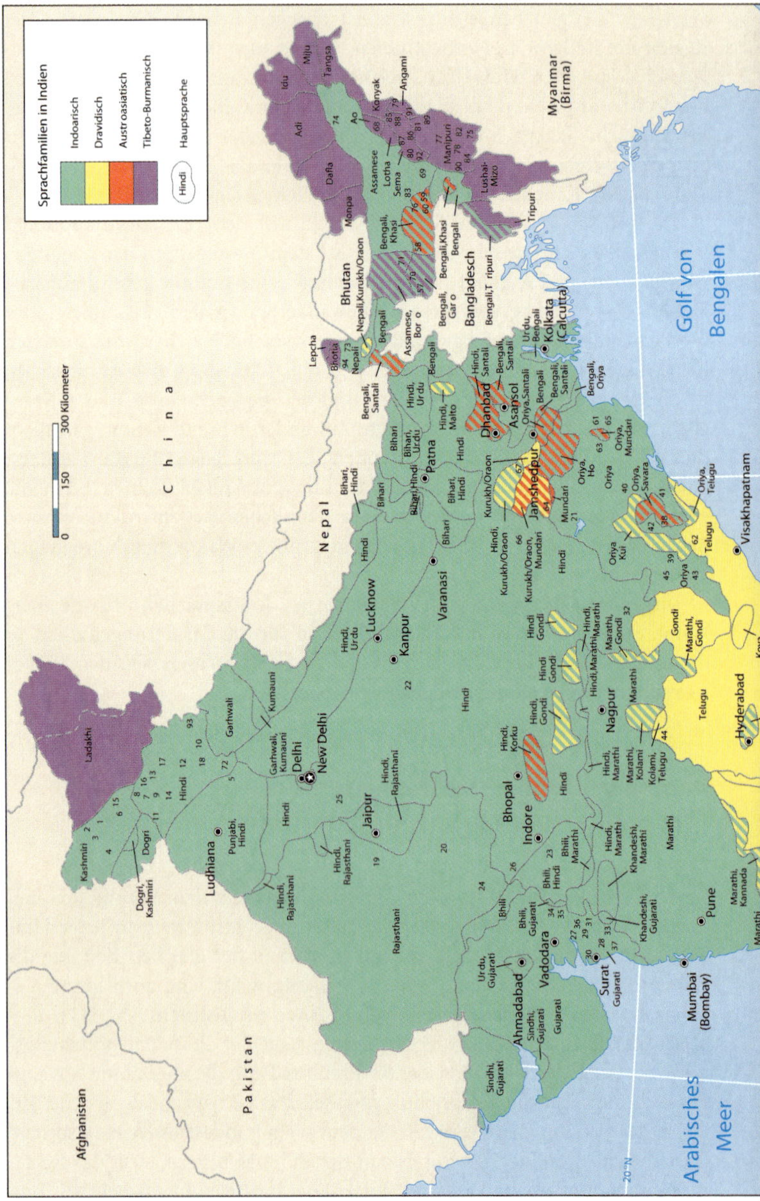
Sprachfamilien in Indien
Indoarisch
Dravidisch
Austroasiatisch
Tibeto-Burmanisch
Hindi
Hauptsprache
0 150 300 Kilometer
Afghanistan
Pakistan
China
Nepal
Bhutan
Bangladesch
Myanmar (Birma)
Golf von Bengalen
Arabisches Meer
20°N
Ladakhi
Kashmiri
Dogri
Ludhiana
Delhi
New Delhi
Jaipur
Lucknow
Kanpur
Varanasi
Patna
Dhanbad
Asansol
Jamshedpur
Kolkata (Calcutta)
Bhopal
Indore
Nagpur
Ahmadabad
Vadodara
Surat
Mumbai (Bombay)
Pune
Hyderabad
Visakhapatnam
Rajasthani
Gujarati
Marathi
Hindi
Bihari
Bengali
Oriya
Telugu
Assamese
Manipuri
Lushai-Mizo
Tripuri
Monpa
Dafla
Adi
Idu
Miju
Tangsa
Konyak
Angami
Lepcha
Garhwali
Kumauni

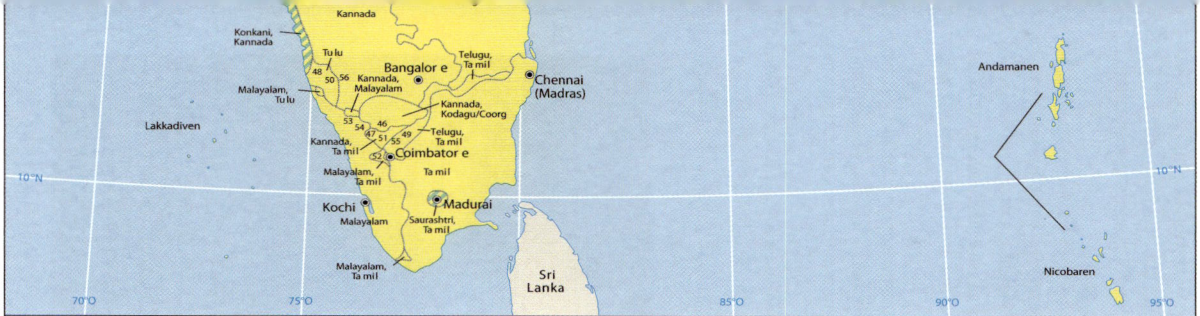

Minderheitensprachen

Indoarisch			Dravidisch		Austroasiatisch	Tibeto-Burmanisch	
1 Doda Siraji	14 Mandeali	27 Bhili	38 Khond/Kondh	49 Kota	59 Synteng	68 Chang	79 Khienmungan
2 Kashtawari	15 Padari	28 Chodri	39 Konda	50 Kudiya	60 War	69 Dimasa	80 Kuki
3 Poguli	16 Pangwali	29 Dhodia	40 Kuvi	51 Kurumba	61 Bhumij	70 Koch	81 Mao Naga
4 Rambani	17 Satlej	30 Dubli	41 Manda	52 Madaga	62 Gutob	71 Rabha	82 Maring
5 Baghati	18 Sirmauri	31 Gamti	42 Pengo	53 Paniya	63 Juang	72 Kanauri	83 Mikir
6 Bhadrawahi	19 Dhundari	32 Halbi	43 Gadaba	54 Puliya	64 Kharia	73 Limbu	84 Paite
7 Chameali	20 Harauti	33 Kokna	44 Naiki	55 Toda	65 Koda/Kora	74 Miri	85 Phom
8 Churahi	21 Kisan	34 Naikadi	45 Parji	56 Yerava	66 Korwa	75 Anal	86 Pochuri
9 Gadi/Gaddi	22 Lodhanti	35 Rathvi	46 Badaga	57 Hajong	67 Lohara	76 Hmar	87 Rengma
10 Jaunsari	23 Malvi	36 Tadvi	47 Irula	58 Lyngngam		77 Kabui	88 Sangtam
11 Kangri	24 Mewari	37 Varli	48 Koraga			78 Kacha Naga	
12 Kiunthali	25 Mewati						
13 Kului	26 Vagdi						

Die Sprachen Indiens.

Prime Minister Indiens ist seit mehreren Jahren Manmohan Singh, der in der Öffentlichkeit als besonnen und unauffällig gilt, aber auch als effizient in dem vom Westen präferierten Weg zu mehr Marktwirtschaft und wirtschaftlicher Öffnung nach außen.

Das indische Parlament, auch hier der „wahre Souverän", besteht nach britischem Vorbild aus einem Oberhaus und einem Unterhaus. Im Oberhaus (Rajya Sabha) sitzen zwar nicht die „Lords", aber die Vertreter der Bundesstaaten, was es dem deutschen Bundesrat ähnlich macht. Das Unterhaus (Lok Sabha) dagegen ist die Kammer der zu diesem Zweck vom Wahlvolk gewählten Abgeordneten und wie der Bundestag das wichtigste gesetzgeberische Entscheidungsgremium. Nach britischem historischem Vorbild gilt in Indien auch das Mehrheitswahlrecht; bei der indischen Vielfalt an Regionen, Religionen, Sprachen und lokalen Parteien ein notwendiger Umstand, um stabile Regierungen zu ermöglichen.

Oft wird am indischen Regierungssystem Kritik geübt, dass es zwar formal demokratisch sei, aber in der gesellschaftlichen Praxis viele Gruppen – die ländliche Bevölkerung, Kastenlose, teilweise Frauen – ihre Rechte

Das indische Parlament Sansad Bhavan in Delhi.

nur ungenügend wahrnehmen können. Ein Problem der Judikative, aber darin westlichen Gesellschaften nicht ganz unähnlich, ist der lange Weg durch die Instanzen, der teuer und zeitaufwendig ist und im Extremfall mehr als zehn Jahre verschlingen kann. Die Exekutive, vor allem die Polizei, gilt in Teilen als korrupt und parteilich sowie insgesamt wenig gesetzestreu. Die mangelnde Kontrolle der Exekutive erscheint als die wahre Schwachstelle im politischen System Indiens.

Die mächtigste Person in Indien: Sonia Gandhi, Vorsitzende der regierenden Kongresspartei.

In der Berichterstattung ist die Presse als „vierte Gewalt" ähnlich frei wie in den westlichen Staaten. Ebenso ist individuelle Meinungsäußerung nicht strafbar, kann aber angesichts korrupter Verhältnisse vor Ort sehr schnell zu Nachteilen für den betreffenden Freigeist führen.

Wie in den zurückliegenden Jahrzehnten nach der Unabhängigkeit weit überwiegend, ist auch im Moment die Kongresspartei an der Regierung, die derzeit von Sonia Gandhi geleitet wird, der wohl mächtigsten Politikerin Indiens. Sie gehört der Familie Nehru-Gandhi an, die in der jüngeren Geschichte Indiens eine bedeutende Rolle gespielt und bereits drei Prime Minister hervorgebracht hat. Mit der großen indischen Leitfigur Mahatma Gandhi allerdings ist sie nicht verwandt. Die Gandhis, Singhs und Murthys sind in Indien mindestens so häufig wie in Deutschland die Mayers, Müllers und Schmidts.

Die Kongresspartei gründet ihre bis heute wichtige Funktion auf ihre Verdienste im Kampf um die indische Unabhängigkeit, zu dem sie sich aus dem Zusammenschluss (*congress*) von Politikern unterschiedlicher Lager herausgebildet hat. Sie kann in ihrer Tagespolitik und in ihrem politischen Kurs als pragmatisch gelten. Der wichtigste politische Gegenspieler ist die radikal-hinduistische Partei BJP (Bharatiya Janata Party; etwa: „Indische Volkspartei"), die in der Vergangenheit bereits die Bundesregierung geführt hat und in mehreren Teilstaaten die Regierung stellt. Am linken Rand steht die eher sozialdemokratische Communist Party, deren linke maoistische Abspaltung seit zwei Jahrzehnten einen Bürgerkrieg vor allem in den ländlichen Räumen des Nordostens gegen eben diese sowie gegen die Bundesregierung führt.

Trotz Mehrheitswahlrecht ist eine Vielzahl von Parteien in den beiden Häusern des Parlaments vertreten, was auf die stark ausgeprägte Heterogenität der einzelnen Landesteile mit unterschiedlichen Sprachen, Religionen und wirtschaftlichen Strukturen zurückzuführen ist. Eine Regierungsbildung ist meist nur im Rahmen einer Koalition durchzuführen, was erhebliche Kompromisse durch die Mehrheitspartei, in der indischen Geschichte meist die Kongresspartei, erfordert.

Kritische Einwände gegen ein formales Demokratiekonzept gehen davon aus, dass eine Demokratie nur soviel wert sein kann wie die Möglichkeit der Bürger, derartige Rechte auch wahrzunehmen. Das theoretische Konzept der Demokratie stößt von daher schon bei vielen westlichen Gesellschaften auf

Körperliche Schwerarbeit, wie hier beim Bau einer Straße, ist in Indien bis heute meist die Aufgabe von kastenlosen Frauen.

Grenzen der praktischen Umsetzung. Dies gilt umso mehr für eine Gesellschaft, die bereits traditionell extreme Ungleichheiten aufweist und diese auf dem Weg der wirtschaftlichen Entwicklung tendenziell noch zu vertiefen scheint. Menschen, die zu Hunderten von Millionen gerade einmal das zum Überleben Notwendige besitzen, die teilweise nicht lesen und schreiben können und die in wirtschaftlicher Abhängigkeit oder unter dem Einfluss Jahrtausende alter Traditionen stehen, fangen oft mit den verfassungsmäßigen Rechten buchstäblich „nichts an". Es ist die Zukunftsaufgabe der indischen Gesellschaft, durch Alphabetisierung und Bildung die Zugangschancen der ärmeren Bevölkerungsteile zu erhöhen.

Die parlamentarische Demokratie kann für diese Entwicklung durchaus förderlich sein, Wunder sind aber nicht zu erwarten. Immerhin wurden Kastenlose, darunter viele Frauen, in den vergangenen Jahren in führende Positionen des Landes gewählt. Nach Umfragen beteiligen sich Angehörige der Kastenlosen und niedere Kasten stärker an Wahlen als die Vertreter der höheren Kasten. Die sozialen Unterschichten sind sich also ihrer politischen Macht als Bevölkerungsmehrheit durchaus bewusst.

3 So viele Götter in einem Land – die Religionen Indiens

Hinduismus und Kastenwesen

Obwohl Indien seit jeher aus vielen und recht verschiedenen Religionsgemeinschaften besteht, ist doch die große Mehrheit von über 80 Prozent dem Hinduismus zuzuordnen. Diese Gruppe ist jedoch in sich so heterogen, dass wiederholt die Frage aufgeworfen wurde, ob es sich wirklich um eine echte religiöse Gemeinschaft handelt. Noch vor wenigen Jahrzehnten haben die meisten Inder bei der Anmeldung für ein Einreisevisum in fremden Staaten unter „Religion" nicht „Hindu", sondern ihre religiöse Kaste angegeben. Tatsächlich stellt die Kaste die Basis für die Religionsausübung dar, sowohl für Inhalte als auch für Riten, und ist traditionell streng endogam, d. h. Ehen können nur zwischen Angehörigen der gleichen Kaste geschlossen werden. Im Grunde genommen sind damit alle Voraussetzungen zur Definition einer Religion erfüllt. Besteht Indien also in Wirklichkeit aus Tausenden unterschiedlicher Religionsgemeinschaften?

Andererseits gibt es gemeinsame Traditionen, die es durchaus ermöglichen, von einer hinduistischen Religion zu sprechen. So dürften die drei Hauptgottheiten Brahma, Vishnu und Shiva von den allermeisten „Hindus" anerkannt sein. Weitere Gemeinsamkeiten sind der Polytheismus – auch wenn der Monotheismus nicht ausgeschlossen ist – sowie der Glaube an die Seelenwande-

◂ Schreine mit farbigen Darstellungen indischer Gottheiten kennzeichnen nicht nur Tempelanlagen, sondern auch kleinere Hausaltäre.

rung nach dem Tod, die einen fließenden Übergang zwischen tierischen und menschlichen Formen der Existenz ermöglicht. Demgegenüber sind Tier und Mensch im jüdischen, christlichen und islamischen Weltverständnis bereits durch den Schöpfungsakt strikt geschieden. Dies gilt auch dann, wenn die Arten so verwandt erscheinen wie Menschenaffe und Mensch. Im Grunde steht der Hinduismus einem modernen naturwissenschaftlichen Verständnis der Arten, das auf fließende Übergänge im Sinne der Evolution aufbaut, wesentlich näher als die oben genannten alttestamentarischen Weltreligionen.

Da Tiere als Existenzformen nicht prinzipiell vom Menschen geschieden sind, werden zumindest fromme Brahmanen kaum jemals ein Tier töten. Dies würde ja bedeuten, dass die im Tier steckende Existenzform ihr Leben noch einmal leben müsste. Dies gilt jedoch nur für die obersten Kasten. Die Erfahrung zeigt, dass Kastenlose und teilweise auch untere Kasten die Frage ihrer Ernährung recht pragmatisch handhaben und im Zweifelsfall auch Fleisch nicht verschmähen. Der ständige Kampf gegen das Hungern hat in dieser sozialen Stufe über die Jahrhunderte zu einer Erweiterung der Essgewohnheiten geführt. Dennoch wird auch am unteren Rand der Hindu-Hierarchie Fleisch nur selten gegessen, einfach weil es gegenüber pflanzlicher Ernährung zu teuer ist. Der weitgehende oder völlige Verzicht auf den Verzehr von Fleisch dürfte auch der Grund für die seit alters her hohe Besiedlungsdichte der indischen Stromtiefländer sein. Mit pflanzlicher Kost lassen sich bis zu viermal so viele Menschen auf gleicher Anbaufläche ernähren wie bei hohen Anteilen tierischer Nahrung.

Da im hinduistischen Verständnis jeder Mensch bereits ein früheres Leben hatte, wird er auch von diesem her beeinflusst. Diese Einflüsse können positiver oder negativer Art sein und werden als „Karma“ bezeichnet. Der Karma-Gedanke des vorbestimmten Schicksals erklärt viele indische Verhaltensweisen, die auf den ersten Blick unverständlich erscheinen. So auch etwa die Bereitwilligkeit und beinahe Gleichgültigkeit, mit der die meisten Inder schwere Schicksalsschläge hinzunehmen scheinen. Ebenso die Tendenz, offenkundige Risiken auf sich zu nehmen, beispielsweise im Straßenverkehr. Und schließlich auch eine vorgebliche soziale Kälte, die Armut bis zum Hunger scheinbar hinnimmt, zumindest nur selten karitativ eingreift. Aus dem Blickwinkel des Karma-Gedankens erscheinen alle diese Denk- und Verhaltensweisen nicht als gleichgültig, riskant oder unsozial. Sie sind eher Ausdruck einer höheren Weisheit, wonach der Mensch nur zu einem geringen Teil Herr und Gestalter seines Lebensschicksals ist. Wie wohl in jeder religiösen Erkenntnis steckt hinter dieser Annahme auch viel pragmatische Lebenserkenntnis. Diese unterscheidet sich von der westlichen, insbesondere auch US-amerikanischen Einstellung des „Alles ist machbar“, die unter indischem Blickwinkel sicherlich ähnlich fragwürdig ist wie für uns der Karma-Gedanke.

Während in Judentum, Christentum und im Islam die Menschen vor Gott prinzipiell gleichwertig sind, ist solch eine Gleichwertigkeit aus hinduistischer Sicht nicht gegeben. Dies erklärt auch die offenkundige Geringschätzung, mit der oft die höheren Kasten mit Angehörigen der niederen Kasten oder gar mit Kastenlosen umgehen, was im Extremfall vor allem im ländlichen Raum bis hin zu verbrecherischer Gewaltanwendung an Kastenlosen führen kann. Diese Hierarchie drückt sich insbesondere in der Zuordnung zu bestimmten Varnas aus, die als Hauptkasten zu verstehen sind (siehe Abbildung unten). Die fünf Hauptgruppen ermöglichen in der komplizierten Kastengliederung so etwas wie einen groben Überblick. Kennzeichnend für die Varnas ist also ihre hierarchische Position untereinander, aber auch ihre Anwendbarkeit für Gesamtindien. Demgegenüber sind die Jatis (Unterkasten) äußerst vielfältig. Schätzungen gehen von zwei- bis dreitausend Jatis für Gesamtindien aus. Diese Vielfalt resultiert zum einen aus der großen Zahl traditioneller Berufe, denn jeder Jati wird traditionell einem bestimmten Berufsbild zugeordnet. Hinzu kommt die Regionalität der Jatis, die meist nur innerhalb eines bestimmten Gebiets, manchmal nur mehrerer benachbarter Dörfer, vertreten sind. Auch die gleichen Berufe gehören in unterschiedlichen Regionen meist unterschiedlichen Jatis an, manchmal sogar unterschiedlichen Varnas.

Die Jatis innerhalb einer Varna stellen die eigentlichen Kasten dar, die religiöse und oft auch weltliche Verhaltensweisen manchmal bis ins Detail vorgeben. Jatis sind auch grundsätzlich endogam und haben damit nach außen eine feste und dauerhafte Struktur.

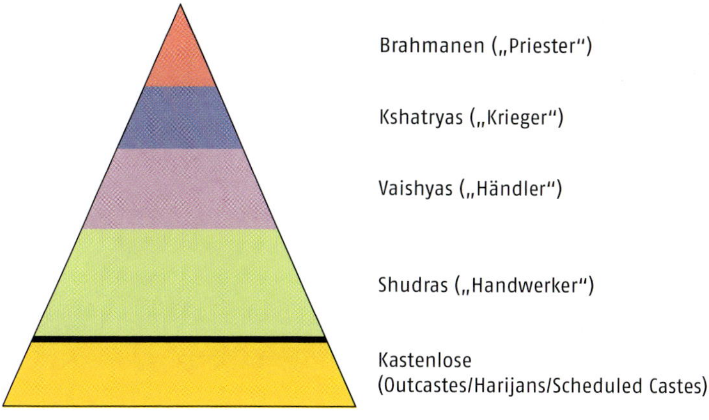

Das indische System der Hauptkasten (Varnas).

Hindu-Pantheon

Als Hauptgötter sind Brahma(n), Vishnu und Shiva zu nennen. Die folgende Aufstellung vor allem nachgeordneter Gottheiten stützt sich auf die Übersicht von Alexander Michaels (*Der Hinduismus*. München 1998), der mehr als vierzig Gottheiten der klassischen vedischen Überlieferung unterscheidet. Die Nähe zu und die Ableitung von animistischen Naturreligionen wird dabei deutlich:

Naturgötter, personifizierte Naturgewalten
Indra: Krieger, Herrscher, Sturm, Gewitter
Agni: Feuer, Priester, Götterbote, Opfer
Surya: Sonne
Dyaus: Himmel
Maruts: Sturm, Donner, Gewitter; Söhne bzw. Begleiter Indras
Vayu, Vata: Wind, Sturm, Donnerstag

Ordnungsgötter, deifizierte moralisch-ethische Prinzipien
Varuna, Vata: Wahrheitswort, Wasser, kosmische Ordnung
Aditya: Prinzipien des Universums

Shiva-Relief am Menakshi-Tempel in Madurai.

Rta: Recht, Ordnung
Mitra: Freundschaft, Vertrag
Brahman: Gestaltung, Heilige Formel, das Absolute

Schöpfungsgötter
Brahman, Brhaspati: Oberherr
Visvakarman: Architekt
Tvastr: Künstler

Menschen-Götter
Purusa: Urwesen (des Menschen)
Yama: Herrscher über die Toten, erster Sterblicher
Manu: erster Mensch, Urvater
Rsis: „Seher", Stammvater, Priester

Potenzen und Mächte
Soma: Lebenssaft, Trunk der Unsterblichkeit
Manyu: Kampfeswut
Ojas: kreative Macht
Tapas: Hitze, Glut, Macht, Askese
Tejas: Licht, Hitze, Schärfe, Energie
Maya: Wunderkraft
Takman: Fieber

Geister und Dämonen, feindliche Mächte
Apsaras: Wassernymphen
Gandharvas: Dämonen, vorwiegend im Luft- und Lichtbereich
Raksasas: böse Geister
Pisacas: Leichendämonen
Vrtra: Schlangendämon
Asura: Gegengötter
Dasyu, Dasa: Götterfeinde, Kräfte des Dunklen

Der Elefantengott Ganesh oder Ganesha begegnet einem in Indien in vielen bunten Darstellungen und ist besonders bei Kastenlosen und bei unteren Kasten als Glücksgott äußerst populär.

Umstritten ist heute, inwieweit die Kastenstruktur der indischen Gesellschaft die Modernisierung von Wirtschaft und Gesellschaft erschwert oder gar verhindert. Dies gilt insbesondere im Hinblick auf die enge Definition beruflicher Tätigkeiten, die mit der Zugehörigkeit zu einer bestimmten Jati meistens verbunden ist. Allerdings steht der Beruf des Bauern, den auch heute noch mehr als die Hälfte aller Inder ausübt, prinzipiell jeder Kaste offen, auch wenn die höheren Kasten kaum jemals selbst den Boden bearbeiten. Ein weiteres, jüngeres Beispiel für die Öffnung des Kastenwesens ist der Umstand, dass mit der ökonomischen Modernisierung der indischen Gesellschaft zunehmend Berufe auftreten, die der traditionellen indischen Gesellschaft fehlten, wie beispielsweise diejenigen des Kraftfahrers oder des Programmierers. Diese sind dadurch auch nicht durch Kastenstrukturen festgelegt und stehen prinzipiell jedermann offen. Immerhin hat die Wirtschaftsentwicklung der vergangenen Jahre gezeigt, wie anpassungsfähig die indische Gesellschaft wirklich ist, wenn die gesetzlichen und steuerlichen Rahmenbedingungen dies ermöglichen.

Die Sikhs

Zu den größeren indischen Glaubensgemeinschaften gehören auch die Sikhs, der rund 15 Millionen Inder angehören, also kaum mehr als ein Prozent der Landesbewohner. Die meist aus dem nordindischen Bundesstaat Punjab stammenden Sikhs sind oft größer und kräftiger gebaut als die meisten Inder. Im Straßenbild fallen sie zudem durch Turban und Vollbart auf – ihre Religion verbietet das Schneiden der Haare, das lange Haupthaar wird in einen Turban gewickelt.

Die meisten Sikhs wie der indische Premierminister Manmohan Singh tragen ihr Haar, das nach religiöser Vorstellung nicht geschnitten werden darf, in einen Turban eingebunden.

Die Religion wurde im 15. Jahrhundert als Reformbewegung gegründet, die positive Aspekte der indischen Hauptreligionen Hinduismus und Islam

Der Goldene Tempel in Amritsar im Bundesstaat Punjab ist das höchste Heiligtum der Sikhs.

miteinander verknüpfen und beide Religionen miteinander versöhnen wollte, sich dabei aber in ihrer Geschichte selbst in zahlreiche Konflikte mit den beiden anderen Religionen begeben hat. Die Auseinandersetzungen gipfelten im Jahr 1984 in der Erstürmung des heiligen Sikh-Tempels in Amritsar durch indisches Militär und Bundespolizei und der anschließenden Ermordung der damaligen indischen Premierministerin Indira Gandhi. In den darauffolgenden bürgerkriegsartigen Unruhen fanden Tausende Sikhs den Tod.

Sikhs gelten in Indien als erfolgreiche Landwirte und Geschäftsleute. Ihr nordindischer Heimatstaat Punjab führt bei zahlreichen sozioökonomischen Messgrößen die Rangfolge der indischen Bundesstaaten an. Der gegenwärtig amtierende indische Premierminister Manmohan Singh ist ebenfalls Sikh. Die meisten Sikhs tragen den „Nachnamen" Singh, was „Löwe" bedeutet.

Muslime

Mit einem Bevölkerungsanteil von deutlich über zehn Prozent bilden Muslime die größte religiöse Minderheit in Indien. Die Gruppe wäre zahlenmäßig noch deutlich stärker, wenn sich nicht die muslimischen Landesteile West- und Ostpakistan, heute Pakistan und Bangladesch, mit der Unabhängigkeit 1947 abgespalten hätten.

Trotz mancher Vorurteile sind die indischen Muslime meist weltoffen und wenig von fundamentalistischen Ideen beeinflusst. Allerdings bilden sie eine der sozialökonomisch am stärksten benachteiligten religiösen Gruppen, die zunehmend vom gesamtindischen Fortschritt abgekoppelt wird.

Perfekt in die Häuserzeile integriert: Moschee in Mumbai (Bombay).

Muslime in Indien – Täter oder Opfer?

Am 26. November 2008 begann ein Überfall von knapp einem Dutzend schwer bewaffneter Terroristen mit muslimischem Hintergrund. Die Täter kamen vermutlich mit einem Boot entlang der Küste aus Pakistan. Ihr Ziel waren die zentralsten, symbolbeladensten Orte der größten indischen Metropole Mumbai (Bombay) um das Gate of India und das Hotel Taj Mahal Palace. Erst nach zwei Tagen konnten Militär- und Polizeieinheiten alle Einrichtungen erstürmen. Das Resultat: mehr als 150 Tote.

Ähnliche Vorfälle, wenngleich meist „kleinere" Bombenanschläge, die radikalen Muslimen angelastet werden, ereignen sich in Mumbai und Nordwestindien mehr oder weniger regelmäßig. Sie fallen auf den Boden bereits vorgefertigter Urteile, sowohl in Indien wie auch im „Westen": Radikale Muslime bedrohen die Bevölkerungsmehrheit und den Staat, dieser ist in einer Opfer- und Verteidigerrolle. Diese Sichtweise ist im Einzelfall gerechtfertigt, taugt aber nicht zu einer umfassenden Bewertung des Terrorproblems. Es gibt nämlich auch andere Formen des Terrors, über die weniger in den Medien zu lesen steht oder die jeweils bald schon wieder vergessen sind.

Dazu gehören die Aufstände in Gujarat im Jahr 2002. Als in diesem nordwestindischen Bundesstaat ein Zug mit radikalen Anhängern der Hindubewegung (Hindutva) aus nicht völlig geklärten Gründen ausbrannte und zahlreiche Personen in den Flammen ums Leben kamen, drang der Hindu-Mob in muslimische Wohnviertel ein, brachte hunderte Menschen um und vergewaltigte wohl auch ähnlich viele Frauen. Zehntausende vorwiegend muslimische Flüchtlinge flohen damals aus den Kernzonen der Gewalt. Auffällig war die starke Rückendeckung, welche die von der radikalhinduistischen BJP geführte Regierung Gujarats sowie die von ihr geführte Polizei den hinduistischen Gewalttätern entgegenbrachten. Sowohl die regionalen Machtinstanzen als auch die regionalen Gerichte waren unfähig oder unwillig, die muslimische Minderheit angemessen zu schützen. Erst die Bundesgerichte konnten einigen hartnäckigen Klägern nach Jahren Recht verschaffen, was zu Gunsten des indischen Rechtsstaats auf dieser Ebene spricht.

Alltägliche Diskriminierung von Muslimen gibt es an vielen Orten des Zusammenlebens mit der Hindu-Mehrheit, auch in Mumbai. Eine radikalisierte Minderheit unter den Muslimen reagiert darauf mit Bombenanschlägen. Aber auch den hinduistischen Fanatikern werden solche Anschläge, auf die hin sich vielfach kein Bekenner meldet, zur Last gelegt – offensichtlich um die antimuslimische Stimmung anzufachen.

Die mit den Verfassern dieses Buches befreundete Autorin aus Mumbai, Meher Pestonji, selbst eine Parsi, erklärte auf unsere Frage, warum sie sich für Muslime einsetze, „... because they are victims": Weil sie Opfer sind.

Weitere „kleinere" Religionen Indiens

Die Jainas bilden heute eine kleine Minderheit von rund vier Millionen Menschen. Sie sind bekannt geworden durch ihre streng asketische Lebensweise und ihr Gebot, kein Lebewesen zu töten. Dies zwingt strenggläubige Jainas, mit einem weichen Besen beim Gehen vor sich her zu kehren, um kein Insekt zu zertreten. Insgesamt stehen die Jainas dem Hinduismus, aus welchem sie sich historisch herleiten, recht nahe.

Die „Verfolgung" der Christen ist in diesem Buch Thema eines eigenen Kapitels, diese seien aber an dieser Stelle als in Indien recht bedeutende Religionsgemeinschaft mit fast 20 Millionen Gläubigen wenigstens erwähnt.

Ausgespart bleiben hier auch die Buddhisten, die als Religionsgemeinschaft zwar in Indien ihren Ursprung haben, aber heute nur einen verschwindend kleinen Bevölkerungsanteil von weniger als einem Prozent der Bevölkerung ausmachen und anders als beispielsweise die Parsen sozial und ökonomisch nicht von großer Bedeutung für die indische Gesellschaft sind.

Parsi – letzte Anhänger Zarathustras

Die indischen Parsi sind die übrig gebliebene Hauptgruppe einer ursprünglich sehr bedeutenden Religionsgemeinschaft. Diese geht auf den persischen Gründer Zarathustra zurück, über dessen Lebensdaten und Biographie man nur wenig weiß. Viele Eigenschaften der Religion des Zarathustra entsprechen den Inhalten der Buchreligionen des Judentums, des Islams und des Christentums, so etwa der strikte Monotheismus wie auch die Sichtweise der Situation des religiösen Menschen in der Wahlfreiheit zwischen dem Guten und dem Bösen.

Bereits vor rund tausend Jahren, also im europäischen Mittelalter, gewann der Islam in Persien die Oberhand. Viele Anhänger Zarathustras flohen ins benachbarte Indien. „Parsi" war also zunächst einmal eine Herkunftsbezeichnung.

Die Parsi haben sich schon recht früh an die englische Sprache und Kultur adaptiert. Wegen ihrer helleren Haut und wegen der ihnen nachgesagten kaufmännischen Tugenden – sie gelten u. a. als sehr verlässlich – wurden die Parsi als Gruppe von den britischen Kolonialherren innerhalb der Kolonialbevölkerung geradezu bevorzugt. Dies hat ihren wirtschaftlichen und anschließend auch intellektuellen Aufstieg sehr erleichtert. Daneben profitierten sie auch vom Zusammenhalt innerhalb der religiösen Gruppe.

Heute sind die Parsi weltweit nur noch eine vergleichsweise kleine Gruppe von etwa 100 000 Menschen; 70 000 von ihnen leben in Indien, die meisten in Mumbai (Bombay). Die Religionsgemeinschaft befindet sich vielfach in Auflösung. Der Bildungs- und Elitencharakter der Parsi-Gemeinschaft hat sich auch noch in anderer Hinsicht ausgewirkt: Ein Großteil der Ehen ist geschieden, die meisten Parsi sind heute kinderlos oder haben nur ein Kind. Da die Gemeinschaft von einer kleinen persischen Ursprungsgruppe abstammt und lange endogam ausgerichtet war, sind genetische Erkrankungen unter den Parsi recht verbreitet.

Bekannt geworden sind die Parsi durch ihren Bestattungsritus. Da die heiligen Elemente wie Feuer, Wasser und Erde durch einen verwesenden Leichnam nicht verunreinigt werden dürfen, werden die Toten auf den sogenannten „Türmen des Schweigens" auf galgenartigen Gestellen aufgehängt, wo sie von Krähen und Milanen allmählich aufgezehrt werden. Diese Art der Bestattung hat zu allen Zeiten viel Aufmerksamkeit auf die Parsi gezogen und sie in ein obskures Licht gerückt. Heute wird diese Form der Bestattung nur noch von einem Teil der Parsi vollzogen, in einem großen Park in Malabar Hills fast an der südlichen Landspitze von Mumbai. Die Türme sind dem öffentlichen Einblick durch die Kronen hoher Bäume entzogen. Eine Möglichkeit zur Besichtigung besteht nicht.

4 Indien – Land der Kriege und Konflikte?

Wie gefährlich ist Indien wirklich?

Dem interessierten Zeitungsleser und Nachrichtenzuschauer wird eine Fülle von Krisenmeldungen aus Indien einfallen: Konflikt mit Pakistan, Terrorismus in Mumbai (Bombay) und in Kaschmir, Christenverfolgungen in Bihar und Orissa, Spannungen zwischen Muslimen und Hindus oder zwischen Hindus und Sikhs, indischer Truppeneinsatz im Bürgerkrieg in Sri Lanka, Aufstände maoistischer Gruppen (Naxaliten) im östlichen Zentralindien – dies werden die Inhalte der meistzitierten Berichte der vergangenen Jahre gewesen sein. Ist Indien also tatsächlich vielleicht weniger eine aufkommende Großmacht als vielmehr ein multireligiöser Vielvölkerstaat kurz vor dem Zerfall?

Um sich eine Vorstellung von der Konfliktträchtigkeit Indiens zu machen, muss man sich vor Augen halten, dass die indische Gesellschaft mehr Menschen umfasst als ganz Europa und Nordamerika zusammen. In diesem Vergleichsraum hat es zugegebenermaßen in den vergangenen Jahren weniger Konflikte gegeben, was mit dem erreichten hohen sozioökonomischen Entwicklungsstand und der damit verbundenen Stabilität zusammenhängen dürfte, abgesehen davon, dass sich in Europa und Nordamerika die weltweit dominanten westlichen Machtstrukturen konzentrieren.

Indien besitzt aber auch (noch immer) deutlich mehr Einwohner als der gesamte afrikanische Kontinent. Hier finden sich mehr und oft viel größere Kriege und Konflikte als in Indien in den vergangenen Jahrzehnten. Das

◄ Jama-Moschee am Rande der Altstadt (City Market) von Bangalore.

hängt wiederum mit der Vielzahl der Staaten und Grenzen in Afrika zusammen sowie mit der hier im Vergleich zu Indien wesentlich geringeren wirtschaftlichen und sozialen Stabilität.

Alles in allem fällt Indien also mit Blick auf seine Konfliktträchtigkeit nicht allzu sehr aus dem internationalen Rahmen heraus, und ein Zerfall des Riesenlandes steht wohl nicht zu befürchten. Neben den genannten Konfliktlinien gibt es auch viele Anzeichen von Stabilität. So ist die Konkurrenz der verschiedenen Sprachen Indiens – Südindien hatte das übermächtige Hindi als Nationalsprache gegenüber Englisch stets abgelehnt – einem maßvollen Nebeneinander von Hindi und dem im amtlichen Umgang landesweit üblichen Englisch gewichen. Gerade die hochgeschätzten Bollywood-Filme sorgen für eine zunehmende Akzeptanz des nordindischen Hindi auch im Süden und könnten zum Beginn einer gesamtindischen Standardsprache werden.

Auch das Nebeneinander der beiden wichtigsten Religionen Indiens, des Hinduismus und des Islams, verläuft im Alltag zumeist recht problemlos. Hindus und Muslime sind den gemeinsamen Umgang bereits seit Jahrhunderten gewöhnt und teilen im Alltag viele ethische Werte miteinander. Konflikte vermeiden hilft aber auch die soziale und räumliche Trennung der sozialen, religiösen und sprachlichen Gruppen, verbunden mit einem starken Hang zur Endogamie. Wo Berührungsstellen minimiert werden, sinkt auch die Gefahr von Konflikten.

Hindus und Muslime, Indien und Pakistan – Die Geschichte zweier feindlicher Brüder

Wie in vielen Regionen der sogenannten Dritten Welt sind die Grenzziehungen auch in Südasien ein Ergebnis der Kolonialgeschichte. In vorkolonialer Zeit ist Indien bestenfalls ein einziges Mal in Grenzen, die weitgehend den heutigen entsprechen, vereint gewesen, bereits in vorchristlicher Zeit unter „Kaiser“ Ashoka. Im übrigen Verlauf der Geschichte ist das heutige Indien dagegen fast stets zersplittert gewesen in eine Vielzahl von Herrschaften, die zumeist von einem Sultan (Muslim) oder einem Maharadscha (meist Hindu) regiert wurden. Diese historische territoriale Zersplitterung erklärt auch die Vielzahl der indischen Völker und Sprachen.

Das indische Kolonialreich der Briten umfasste aber ein deutlich größeres Gebiet als das heutige Indien. Dazu gehörten die heutigen Staaten Pakistan, Bangladesch, Birma und Sri Lanka. Die britische Kolonialherrschaft legte sich über die fortbestehende Herrschaft der Sultane und Maharadschas, welche allerdings zunächst fortbestehen blieb (*Indirect Rule*).

Britisch-Indien 1909. In Dunkelrosa: Gebiete, die von den Briten verwaltet werden. In Hellrosa: von der indischen Regierung verwaltete Gebiete. In Gelb: indische Fürstentümer.

Mit dem Rückzug der Briten aus Indien im Jahr 1947 brachen sich allerdings ethnische und religiöse Konflikte Bahn, die zum Zerfall von Britisch-Indien führten. Die Selbstständigkeit von Birma oder Sri Lanka mag randliche Gebiete von Britisch-Indien betreffen. Die Abspaltung von Pakistan dagegen betraf den indischen Kernraum.

Bereits vor Ausrufung der Unabhängigkeit Indiens und Pakistans 1947, zu dem damals das heutige Bangladesch als „Ost-Pakistan" gehörte, kam es zu Flüchtlingsströmen von Hindus aus Pakistan nach Indien und, etwas weniger ausgeprägt, von indischen Muslimen nach Pakistan. Man muss sich vor Augen halten, dass die noch unter britischer Herrschaft ausgearbeitete Teilungskarte keine Grenzziehung zwischen strikt vorsortierten religiösen Ethnien vorgenommen hatte. Die Festlegung der Grenze erfolgte nach grober Verteilung der jeweiligen Mehrheiten. Faktisch jedoch waren bis hinunter auf die Dorfebene die Volksgruppen durchaus gemischt. Ein beachtlicher Teil der jeweiligen Bevölkerung fand sich nach der Teilung also im „falschen

Teil“ wieder. Bedenkt man die enorme emotionale Bindung der überwiegenden bäuerlichen Bevölkerung an das von ihr bewirtschaftete Land, kann man sich das Ausmaß der Einschüchterung und Verfolgung vorstellen, das diesen Flüchtlingsströmen vorausgegangen sein musste.

Während seitdem Pakistan so gut wie „frei“ von Hindus ist, besitzt Bangladesch (das ehemalige Ost-Pakistan) eine Hinduminderheit von nahezu zehn Prozent, Indien sogar eine Muslimminderheit von mehr als 13 Prozent.

Entgegen scharfmacherischen Politikern am rechten Rand des indischen Parteienspektrums, insbesondere der hindu-nationalistischen BJP, funktioniert das Zusammenleben zwischen Hindus und Muslimen, wie bereits angeführt, im Alltag der meisten indischen Städte und Dörfer recht gut. Dem polytheistischen Ansatz der Hindu-Religion widerstrebt es im Grunde, fremde Gottheiten oder deren Anhänger zu diskriminieren. Den „westlichen“ Religionen Christentum und Islam, die beide auf dem alttestamentlichen Judentum fußen, fällt Toleranz im Sinne ihres monotheistischen Ansatzes schon schwerer. Dennoch ist es vor allem an zwei Schauplätzen in jüngster Zeit zu Konflikten zwischen Hindus und Muslimen gekommen.

Der Streit um die Moschee in Ayodhya im Bundesstaat Uttar Pradesh entstand aus dem Konflikt der beiden Hauptreligionen um den gleichen heiligen Ort. Für Hindus ist der Ort der Moschee als Geburtsstätte des Gottes Rama ebenso heilig wie für die Muslime. Die Situation eskalierte, als im Jahr 2002 von der radikalhinduistischen Partei BJP (etwa: „Indische Volkspartei“) aufgestachelte Demonstranten auf das Gelände der Moschee vordrangen und diese völlig zerstörten. Der Vorfall war Auslöser von Gewalttaten vor allem im nordwestindischen Bundesstaat Gujarat vorwiegend gegen Muslime. Tausende Unbeteiligte fielen diesen Ausschreitungen zum Opfer. Die Greueltaten waren teilweise unbeschreiblich. Muslimische Terroristen, die aufgrund ihrer Minderheitensituation und der Parteilichkeit von Polizei und Militär den offenen Konflikt nicht suchen konnten, revanchierten sich in der folgenden Zeit vor allem im Raum Mumbai (Bombay) mit Anschlägen, welchen meist Unschuldige zum Opfer fielen.

In dieser Spirale von Gewalt und Gegengewalt wird es immer schwerer, zwischen Angreifern und Opfern bei den beiden Religionen zu unterscheiden. Jede Seite verweist auf die eigenen Opfer und auf die Bösartigkeit des religiös-politischen Gegners. Dennoch muss man einem in der indischen Gesellschaft wie international oft geäußerten Vorurteil widersprechen: Die meisten Opfer haben die indischen Muslime zu beklagen, wenn auch mit einer geringeren Anteilnahme der nationalen wie internationalen Medien.

Der zweite immer noch schwelende Konflikt innerhalb Indiens liegt im ebenfalls nordwestindischen Kaschmir. Dazu muss man etwas weiter in die Geschichte des Landes zurückblicken.

Indien war vor der britischen Kolonialzeit ein Flickenteppich von Königreichen und Fürstentümern, den die Briten kaum antasteten. An der Spitze standen entweder muslimische Sultane oder Mogule, die vielfach eine mehrheitlich hinduistische Bevölkerung regierten. Daneben gab es Maharadschas, meist Hindu-Herrscher, die mehrheitlich muslimischen Untertanen vorstanden. So war die Situation in Kaschmir während der Wirren um die indische Unabhängigkeit und beim Zerfall von Britisch-Indien in die Teilreiche Indien und Pakistan. Als eine pakistanisch-muslimische Armee sich anschickte, das größtenteils muslimische Fürstentum Kaschmir zu erobern (welches zudem noch an den neuen Staat Pakistan direkt angrenzte), rief der Hindu-Herrscher Hari Singh Indien zu Hilfe. Diese Hilfe wurde gewährt, aber nur unter Bedingungen: Der Maharadscha musste sich unter die Herrschaft des neuen Staates Indien beugen. So kam der Hauptteil des ehemaligen Fürstentums Kaschmir zu Indien, ein kleinerer Teil an Pakistan und einige Gebiete zur Volksrepublik China.

Die muslimische Bevölkerungsmehrheit in Kaschmir hat sich Indien nie ganz zugehörig gefühlt und führt einen Kampf um ihre Unabhängigkeit. Soweit dieser aus quasi-militärischen Aktionen der Aufständischen besteht, sieht dies Indien als Terrorismus. Aus Pakistan erhalten die aufständischen Kaschmiri finanzielle Unterstützung und Waffen, was die Beziehungen zwischen Indien und Pakistan nicht gerade verbessert. Auch in den indisch-pakistanischen Kriegen (1965, 1971) spielte der Kaschmir-Konflikt eine entscheidende Rolle. Im Krieg von 1971 ging es darüber hinaus um die mit Hilfe Indiens schließlich erfolgreiche politische Abspaltung des zwar muslimischen, aber sprachlich und räumlich sehr eigenständigen Ost-Pakistans als heutiges Bangladesch.

Christenverfolgung in Indien?

Seit einiger Zeit berichten westliche Medien immer wieder über eine Verfolgung der christlichen Minderheit durch fanatisierte Hindus. Um diese Konfliktsituation richtig einzuordnen, muss man zunächst untersuchen, wo Christen in Indien schwerpunktmäßig leben und wie sie dorthin gekommen sind.

In Teilen des äußersten Südwestzipfels von Indien, dem küstennahen Bundesstaat Kerala, gibt es eine sehr alte Strömung der Thomas-Christen, die sich über eine fast zwei Jahrtausende alte Geschichte bis auf den Apostel Thomas zurückführen, der bei seinen missionarischen Reisen bis nach Indien gekommen sein soll. Diese altchristliche Gruppe besteht heute nur noch aus sehr wenigen Gläubigen und besitzt innerhalb der indischen Gesellschaft kein großes Gewicht.

Alle übrigen christlichen Konfessionen und Gruppierungen sind erst in jüngerer Zeit, seit der Ankunft der europäischen Kolonialmächte Ende des

15. Jahrhunderts, nach Indien gekommen. Die älteste Teilgruppe sind Katholiken, die bereits von der portugiesischen Kolonialherrschaft missioniert wurden, in der Zeit der Inquisition meist unter gewalttätigen Bedingungen.

Die katholische Kirche ist vor allem mit ihren Orden (u. a. Jesuiten, Salesianer) auch heute noch in vielen Teilen Indiens gerade an sozialen Brennpunkten aktiv. Sie betreuen u. a. Straßenkinder in den großen Städten und kümmern sich um die Stammesbevölkerung in entlegenen Räumen. Zu diesen sozialen Projekten gehört zweifellos auch die Verbreitung des christlich-katholischen Glaubens. Gemessen an einigen protestantischen Missionen ist die Missionsarbeit der Katholiken aber vergleichsweise wenig „aggressiv".

Diese protestantischen Missionen sind in zwei Bereichen der indischen Gesellschaft seit dem 19. Jahrhundert besonders erfolgreich geworden. Zum einen bei den Kastenlosen, die nahezu ein Fünftel der indischen Gesellschaft ausmachen dürften. Da diese Kastenlosen in der traditionellen Hindu-Gesellschaft eine diskriminierte Außenseiterposition einnehmen, haben sie bei einem Religionswechsel eigentlich nichts zu verlieren. Folglich sind hier große Missionserfolge zu verzeichnen, während die wenigsten hochkastigen Hindus für eine Missionierung zugänglich sein dürften. Zwar ist das Kastenwesen so stark in den Köpfen der Inder verankert, dass dieses hierarchische System sich auch in christlichen Gemeinschaften in Indien niederschlägt,

Katholisches Gotteshaus – tropisch eingebettet.

entgegen dem christlichen Gedanken einer Gleichheit der Menschen vor Gott. Zumindest haben aber die neu gewonnenen Christen, neben einer beschränkten sozialen Aufwertung innerhalb der neuen Gemeinschaft, den Vorteil des kostengünstigen Besuchs der kirchlichen Sozialeinrichtungen wie Schulen und Krankenhäuser, die zumeist reichlich durch Gelder der europäischen und amerikanischen Mutterkirchen finanziert werden.

Die höheren Hindukasten wie die Brahmanen trifft diese schleichende Missionierung der Kastenlosen recht deutlich. Zum einen wird das soziale Gebäude der Hindu-Gesellschaft von unten her aufgeweicht und destabilisiert. Zum anderen profitierten die höheren Kasten vom niedrigeren Status der Kastenlosen und ihren gering bezahlten Tätigkeiten. Derartiger Sozialtransfer von unten nach oben droht nun wegzufallen. Dies muss man verstehen, um zu begreifen, wie aufgebracht viele Hindus der Missionierung gegenüberstehen, die im aufgeklärten westlichen Denken als reine Privatsache gesehen wird. Hinzu kommt, dass man nach Hindu-Verständnis in eine Kaste hineingeboren wird. Die Religionszugehörigkeit ist, anders als im heutigen westlichen Verständnis, nicht eine Eigenschaft, die man auch ablegen kann. Für die Hindu-Gemeinschaft ändern sich mit dem Religionswechsel der Kastenstatus und die damit verbundenen sozialen und religiösen Pflichten nicht. Von Fall zu Fall kann das dazu führen, dass diese Pflichten massiv und unter Einsatz von Gewalt eingefordert werden. Auch hier spielt die bereits erwähnte BJP als Scharfmacher und Koordinator von gewalttätigen Aktionen eine verhängnisvolle Rolle. Allerdings geht es dabei, anders als bei einigen Aktionen gegen Muslime, nicht um die Vernichtung des Gegners, sondern um dessen zwangsweise Rück-Bekehrung. Die Zahl der Todesopfer bei diesen Ausschreitungen ist daher vergleichsweise gering. Gewaltsam bleiben solche Aktionen aber allemal.

Der zweite wichtige Missionsraum vor allem protestantischer Gesellschaften liegt in den entlegenen Stammesgebieten besonders des indischen Nordostens. Bei hohen Niederschlägen und bis heute erhalten gebliebenen hohen Waldanteilen ist die Besiedlungsdichte vielerorts für indische Begriffe gering. Die hier lebenden Gruppen sind häufig in Stämmen organisiert und besitzen ursprünglich zumeist naturreligiöse Vorstellungen. Die politisch korrekte Bezeichnung für diese Gruppen ist in Indien heute „Adivasi" (Eingeborene, Ureinwohner). Hier lag und liegt ein geeignetes Feld für christliche Missionsarbeit. Aber auch hier gilt: Wichtiges Triebmittel für die Mission sind die damit verbundenen sozialen Vorteile für den einzelnen. Neben der formalen Taufe und offiziellen Zugehörigkeit zu einer christlichen Kirche werden oft die animistischen Kulte weiter gepflegt, die Bezeichnung „Christen" ist deshalb mit Vorsicht zu sehen. Auch hier kam es zu Verfolgungen durch radikalisierte Hindus, die den Ausschreitungen gegen Kastenlose in den Städten und Hindu-Gemeinschaften ähneln.

5 Adivasi: die „Auch-Inder“

Obwohl Indien seit alters her überwiegend ein dicht besiedeltes und waldarmes Land ist, haben sich doch größere periphere Landschaften erhalten. Diese liegen schwerpunktmäßig in den Waldgebirgen des äußersten Nordostens (Assam, Teilstaaten an der Grenze zu Birma) und in den Waldhügelländern der östlichen Zentralregion (Chota Nagpur), aber auch in den südindischen Westghats.

In diesen entlegenen Regionen stellen nicht wie sonst fast überall Hindus den Hauptteil der Bevölkerung, sondern es handelt sich um Adivasi, Stammesangehörige, die nach Sippen organisiert sind. Sie gehören meist animistischen Stammesreligionen an, welche die Verehrung von Naturgottheiten in den Mittelpunkt stellen. Da Hinduismus nicht klar definiert ist, gibt es in der amtlichen indischen Statistik durchaus die Tendenz, die Adivasi zu den Hindus zu stellen. Selbstverständlich gibt es auch zwischen dem, was als Hinduismus definiert wird, und animistischen Vorstellungen zahlreiche Übergänge, zumal naturreligiöse Vorstellungen im Volksglauben der Hindus ebenfalls eine große Rolle spielen (Michaels 1998, 41 ff.). Aber man muss festhalten, dass für Hindus nach unserer Definition heilige Schriften und darin festgehaltene abstrakte Glaubensinhalte große Bedeutung haben, was die Zuordnung des Hinduismus zu den Hochreligionen rechtfertigt. Dagegen sind die Inhalte von animistischen Naturreligionen beschränkt auf einfache Erfahrungsinhalte und auf Gottheiten, die der unmittelbaren Anschauung unterliegen. Weder existiert ein differenzierter Pantheon an Gottheiten noch ein Modell davon abgeleiteter sozialer Kasten.

Stammesgesellschaften gibt es in ihrer reinen Form wohl nur noch auf den entlegenen Inselgruppen im Golf von Bengalen (Andamanen, Nikobaren). Anderswo ist die Stammesgesellschaft starken Einflüssen von außen

◂ Wochenmarkt des Dhuruba-Stammes in Orissa (Nordost-Indien).

Eine Hütte des Toda-Stammes in den Nilgiri-Bergen (Südindien). Anders als die meisten Stammesbewohner, die vor allem im Nordosten Indiens leben, sind die Toda Viehzüchter.

ausgesetzt. Die ursprüngliche Behausung aus Rinden und Zweigen weicht einem „indischen" Tonziegelhaus, Sari und Dhoti breiten sich als Kleidungsstücke aus und haben den vormals verbreiteten Lendenschurz weitgehend ersetzt. Auch in der Religion lässt sich eine Annäherung der „Tribals" an die umgebenden indischen Dorfkulturen feststellen. Gleichzeitig bleibt das Bewusstsein für die Zugehörigkeit zum Stamm meist erhalten, wo statt der indischen Kastendifferenzierung eine relative soziale Homogenität bei strikter Abgrenzung nach außen herrscht.

Vor allem sind die Stammesgesellschaften aber auch Ziel christlicher Missionierung geworden. Unter dem dünnen christlichen Firnis führen allerdings animistische Vorstellungen ihr Leben fort.

Traditionell werden in der Indologie die Stammesgesellschaften als Restposten einer Urbevölkerung gedeutet, die zunächst von den dravidischen Völkern, danach von den indoeuropäischen Ariern in die entlegenen Bergländer und Waldgebiete verdrängt wurde. Diese Sichtweise beruht auf einem vulgärdarwinistischen Geschichtskonzept des 19. Jahrhunderts, in welchem der Kampf der Völker die Geschichte bestimmt. Dem muss ein moderneres Geschichtsmodell entgegengesetzt werden, wonach Sprachen und Religionen sich auch auf friedliche Weise allmählich durch Übernahme verbreiten können. Auch muss man davor warnen, die verbliebenen Naturvölker als Relikt einer stein-

Eine Adivasi-Frau mit Kind vor ihrem Haus in Orissa.

zeitlichen Bevölkerung zu sehen. Es gibt auch den entgegengesetzten Prozess des kulturellen Verfalls etwa im Gefolge von Katastrophen und Kriegen, wenn versprengte Bevölkerungsgruppen in die Waldgebiete fliehen müssen und dort unter eingeschränkten Bedingungen und geringer Siedlungsdichte ihren kulturellen Standard nicht halten können und auf einen „primitiveren" Stand zurückfallen. Nach diesem Modell hätte zwischen Hochkulturen und Naturvölkern benachbarter Waldgebiete stets ein Austausch stattgefunden.

Adivasi (oder „Naturvölker" oder „Stammesbevölkerung"; alle drei Begriffe werden hier synonym verwendet) lebten ursprünglich meist als Jäger und Sammler, der einfachsten Kulturform der Menschheit. Viele gingen darüber hinaus einer einfachen Form der Landbewirtschaftung nach: dem Wanderfeldbau (*shifting cultivation*). Der Wald wird bei dieser Nutzungsform brandgerodet, um für wenige Jahre den Anbau möglich zu machen. Die zunehmende Ausbreitung von Unkraut zusammen mit nachlassender Bodenfruchtbarkeit führt zur Aufgabe dieser Ackerflächen und zur Neurodung eines benachbarten Waldstückes. Doch auch dieses wird nur wenige Jahre landwirtschaftlich genutzt. Auf diese Weise „wandert" die Nutzfläche im Lauf der Jahrzehnte oft viele Kilometer, was oft mit der Verlagerung der Wohnstätten verbunden ist. Erst nach Jahrzehnten oder je nach Bodenverhältnissen auch nach noch längeren Zeitintervallen kann das ursprüngliche Rodungsgebiet erneut gerodet und für wenige Jahre abermals genutzt werden.

Das beschriebene System des Wanderfeldbaus kann durchaus als Anpassung der Nutzung an wenig nährsalzhaltige Böden der feuchten Tropen angesehen werden. Allerdings gilt das nur für eine äußerst niedrige Besiedlungsdichte von wenigen Menschen je Quadratkilometer. Im Zuge der modernen Bevölkerungsvermehrung als Folge von medizinischen Fortschritten wirkt sich dieses System geradezu waldzerstörend aus, da es anders als die moderne Landwirtschaft seine Erträge je Flächeneinheit nicht steigern kann. Hinzu kommt, dass die indische Gesellschaft gerade die entlegenen Waldgebiete als Naturreservate in Form von Naturschutzgebieten und Nationalparks bewahren will oder auch für die Holzwirtschaft nutzen oder in Stauseen zur Stromgewinnung umwandeln will. Bei allen diesen Verwendungszwecken stören die Adivasi nur. Das generelle Verbot der Wanderfeldbaus und der „Wilderei“ hat den Adivasi die traditionellen Lebensgrundlagen entzogen. Vielfach wurden ihnen die Wälder genommen, für die sie keine offiziellen Besitztitel hatten, obwohl ihre Vorfahren hier seit Jahrhunderten lebten. Ersatzweise wurden sie vielfach in Modelldörfern am Rande ihrer früheren Wälder angesiedelt. Sie führen dort oft ein kümmerliches Leben, abhängig von einer geringen Förderung durch staatliche Mittel. Teilweise wurde auch versucht, sie als Hilfskräfte in die Forstwirtschaft oder als „Forest Ranger“ in die Nationalparkverwaltung zu integrieren.

Kinder in einem Dorf.

Ihre offenkundige soziale und ökonomische Marginalisierung, verbunden mit dem als Enteignung gesehenen Verlust traditioneller Lebensformen und Nutzungsflächen, hat die Adivasi anfällig gemacht gegenüber der Weltanschauung der maoistischen Naxaliten, die weit überwiegend in Stammesgebieten agieren. Sie schwimmen dort, wie Mao Tsetung dies für seine Guerilla ursprünglich vorsah, wie „ein Fisch im Wasser". Sie haben Rückhalt unter der heimischen Bevölkerung und sie kennen in ihrem Gebiet „Weg und Steg". Das bestimmt auch ihre Taktik. Während tagsüber Polizei und Militär in den Ortschaften und Straßen präsent sind, ziehen sich die Offiziellen nachts in ihre schwer bewachten Camps oder in die nahe Distrikthauptstadt zurück. Das weite Land gehört bis zum Morgengrauen den Naxaliten, die aus dem Wald und aus der Nacht heraus auch vor blutigen Überfällen auf schwer bewaffnete Staatsdiener nicht zurückschrecken. Mit den erbeuteten Waffen verschwinden die Rebellen wieder im Wald. Umgekehrt gehen auch Polizei und Militär mit den Aufständischen wie auch mit der kollaborierenden Zivilbevölkerung mit großer Grausamkeit um.

Um diesen Zirkel der Gewalt zu durchbrechen, werden die indischen Zentralgewalten den Adivasi weit entgegenkommen müssen. Erst im Frühjahr 2010 hat der indische Premierminister Singh einen ersten Schritt in diese Richtung getan, indem er vergangenes Unrecht gegenüber den Adivasi öffentlich eingestanden hat. Dieses Bekenntnis bezog sich maßgeblich auf die Nichtanerkennung überkommener Landrechte. Eine Rückgabe großer Landesteile an die Adivasi und eine weitgehende ländliche Autonomie könnten die richtigen Schritte sein.

Wie so oft in der indischen Lebenspraxis gehen die Absichten der Zentralregierung und die Bestrebungen vor Ort in unterschiedliche Richtungen. Während die Adivasi von den lokalen Autoritäten noch vielfach brutal unterdrückt werden und sich zu den Naxaliten flüchten, sind sie auf Bundesebene im Rahmen von Quoten zu den Universitäten, zu den Berufen im öffentlichen Dienst und als Mitglieder des Parlaments bevorzugt zugelassen.

Die Adivasi-Regionen mögen insgesamt einen Anteil an der Gesamtfläche Indiens von etwa 15 Prozent umfassen. Sie sind infrastrukturell meist wenig erschlossen und durch das Agieren der Naxaliten für Außenstehende potenziell gefährlich. Man sollte sie als Europäer (mit Ausnahme der Westghats) besser nicht bereisen, auch wenn sie lokale Sitten und einen bemerkenswerten Naturreichtum besser als andere Regionen Indiens bewahrt haben.

Erwähnenswert ist noch, dass ganz im Nordosten Indiens die Adivasi einen so hohen Anteil der (dünn gesäten) Bevölkerung ausmachen, dass sie die Regierung der kleinen Bundesstaaten Meghalaya, Arunachal Pradesh, Nagaland, Manipur und Mizoram selbst bestimmen.

Die Naga

Fast zwei Millionen Menschen nennen sich den verschiedenen Naga-Stammesvölkern zugehörig, aber nur 800 000 von ihnen leben in Nagaland. Jedes Nagadorf bildet eine selbstständige wirtschaftliche und politische Einheit und ist in mehrere Höfe unterteilt, deren Bewohner jeweils einer Sprachgruppe oder einem Klan angehören. [...]

Die meisten Naga-Stämme, die sich als „Nationen" verstehen, bewirtschaften die Berghänge in der Umgebung des Dorfes mit Hilfe der Brandrodung. Einige legen auch Reisterrassen an. Im Unterschied zu vielen anderen Wanderfeldbauern in Indien befindet sich das Ackerland der Naga im Familienbesitz. Allerdings schließen sich auch hier für bestimmte Feldarbeiten mehrere Familien zu Arbeitsgemeinschaften zusammen. Reis ist das Hauptnahrungsmittel. Gemüsepflanzen, Haustierprodukte und die Früchte des Waldes bereichern zusätzlich den Speiseplan.

Die Gesellschaft der Naga ist in Stämme, Dörfer, Klans, Hofgemeinschaften und Familien gegliedert. Sie selbst unterscheiden bis zu 32 sprachlich und kulturell verschiedene Stämme, von denen Angami, Konyak, Tanggkhul und Sema die bedeutendsten sind. Über den heutigen Unionsstaat Nagaland hinaus siedeln Naga-Stammesangehörige auch im Norden von Manipur, in den Mikir-Bergen von Assam, im Nordosten von Arunachal Pradesh sowie in den an Nagaland angrenzenden Bergregionen Burmas. In allen Stämmen genießen die Jugendlichen auch vor der Hochzeit sexuelle Freiheit und dürfen ihren Ehepartner selbst wählen, solange sie das Gebot der Klan-Exogamie beachten. Dorfchefs und Klanälteste sind meist mit mehreren Frauen verheiratet.

Die Naga betrachten ihre Umgebung als von unzähligen Geisterwesen belebt, die den Menschen teils wohlgesonnen, teils feindlich gegenüberstehen, die aber alle durch entsprechende Riten zu kontrollieren sind. Beim Tod eines Menschen wandert die Seele ins Land der Toten. Ein Teil der Persönlichkeit des/der Verstorbenen aber bleibt im Totenschädel gefangen, der so zum Träger magischer Kräfte wird. Bis in die jüngste Vergangenheit hinein trachteten die Naga danach, die Schädel ihrer getöteten Feinde im Haus aufzubewahren.

Aus: Rainer Hörig, in: *Selbst die Götter haben sie uns geraubt. Indiens Adivasi kämpfen ums Überleben.* Göttingen 1990, 93 f.

Von Konyak-Nagas für Zeremonien eingesetzter Korb mit einem Affenschädel und zwei aus Holz geschnitzten Menschenköpfen.

6 Indien – auch ein Land der Natur!

Kampf um Licht: Zur Ökologie des tropischen Feuchtwaldes

Auch wenn die natürliche Vegetation Indiens, die man sich fast auf der gesamten Fläche des Landes als Waldvegetation vorstellen muss, weithin verschwunden ist, können wir uns dank der zahlreichen Waldschutzgebiete und Nationalparks doch ein Bild von ihr machen. Die naturräumliche Situation in Südindien ist übersichtlicher als in Nordindien, da im Süden Hochgebirge fehlen und das Klima insgesamt tropisch ist ohne große saisonale Temperaturunterschiede. Wie für die Tieflandstropen typisch, bestimmen also weitgehend die Niederschläge den Charakter der Vegetation.

Der feuchteste Vegetationstyp, der nur eine Trockenzeit von maximal drei bis vier Monaten erträgt, ist der immergrüne tropische Wald. Obwohl er durch die Trockenzeit nicht eigentlich immerfeucht ist, können wir ihn getrost als tropischen Regenwald bezeichnen. Allerdings ist sein Blühen und Fruchten nicht jahreszeitenlos wie die immerfeuchten Regenwälder in unmittelbarer Äquatornähe etwa im Südwesten des benachbarten Sri Lanka, aber er ist in der Artenvielfalt und in der Baumhöhenstruktur mit diesen durchaus vergleichbar. Zumindest die großen Bäume haben bei tiefgründig entwickelten Böden keine eigentliche Wasserknappheit im Lauf des Jahres und können daher auf den Laubwurf verzichten.

◀ Ein Baumwürger (*Ficus* spec.) hat den Wirtsbaum mit einem Netz von Luftwurzeln bereits fest umschlungen.

Die Tatsache, dass die oberste Baumschicht weitgehend immergrün ist, stellt allerdings auch einen Nachteil dar: für die Gewächse des untersten Höhenstockwerks nämlich, die ganzjährig ohne direktes Sonnenlicht auskommen müssen. Anders als im mitteleuropäischen Frühling kann in den tropischen immergrünen Wäldern das Sonnenlicht zu keiner Jahreszeit nahezu ungehindert die Baumkronen nach unten passieren. Die Frühblüher unserer Wälder wie Buschwindröschen, Veilchen oder Schlüsselblumen gibt es daher auf dem Boden der immergrünen Wälder nicht. Besucher aus Europa, die oft gerade im tropischen Wald ein Blütenmeer erwartet haben, sind oft zunächst enttäuscht. Blüten findet man meist nur vereinzelt und am ehesten noch auf den Rodungsflächen. Im Wald findet das Blühen eher in den oberen Stockwerken statt, die den Blicken entzogen sind: in den Kronen der Bäume. Dort leben auch die meisten Orchideenarten als „Aufsitzerpflanzen" (Epiphyten). Sie holen sich das Licht, indem sie als kleinwüchsige Pflanzen ihren Wuchsort von vornherein nach oben in die Baumkronen legen.

Doch es gibt noch andere Strategien der Blütenpflanzen, an das Licht zu gelangen. Die Epiphyten haben zwar das Problem des Lichtmangels gelöst,

Größtenteils immergrüner tropischer Wald am Ende der Trockenzeit in den Western Ghats.

aber sich dabei gleichzeitig einen schwerwiegenden Nachteil eingefangen: Sie müssen in ihrer luftigen Höhe auf den Boden verzichten. Der Boden aber speichert Wasser und Nährstoffe, an denen die Epiphyten folglich einen Mangel haben, was sich etwa in ihrem geringen Wachstum oder in der Ausbildung von wasserspeichernden Organen (Sukkulenz) äußert.

Da sind die Bäume schon besser dran. Sie wurzeln im Boden und können durch ihre Größe dennoch das Sonnenlicht erreichen. Ihr Nachteil besteht aber darin, dass sie erst in vielen Jahren und oftmals Jahrzehnten einen mächtigen Stamm ausbilden müssen, der ihnen selbst noch in einer Höhe von dreißig und mehr Metern Stabilität verleiht. In dieser Zeit leidet der Baum unter dem Lichtmangel. Im Grunde hat ein junger Baum nur dann eine Chance, groß zu werden, wenn in seinem direkten Umfeld ein oder mehrere große Bäume stehen, die aus Altersgründen irgendwann einmal zusammenbrechen, möglichst in einer zeitlichen Reihenfolge, die dem Jungbaum ein optimales Lichtangebot für das Wachstum ermöglicht.

Bessere Chancen, ins Kronendach vorzudringen, haben die Schlingpflanzen (Lianen). Sie können bei ihrem Weg nach oben die vorhandenen

Wenn ein Baumriese stirbt, fällt für kurze Zeit das Sonnenlicht bis auf den Waldboden. Dadurch können sich Lianen nach oben ranken und rasch die Lücke wieder ausfüllen.

Bäume als Stütze verwenden. Daher sparen sie sich den stofflich aufwendigen Aufbau eines dicken Stammes und können oft schon in wenigen Monaten ans Licht gelangen. Aber auch die Lianen sind in der allerersten Zeit auf eine kleine Bestandslücke im Wald angewiesen, die Licht auf den Waldboden dringen lässt und die sich meist schon in wenigen Monaten wieder geschlossen hat.

Als Zusammenschau aller dieser nach Licht strebenden Lebensformen lässt sich aussagen, dass keine ideal ist und mit bestimmten Nachteilen eingehandelt werden muss. Wirklich keine? Die vielleicht spannendste pflanzliche Lebensform der tropischen immergrünen Wälder sind die sogenannten Baumwürger. Das ist wie im Krimi: Bäume, die andere Bäume gezielt töten können. Baumwürger beginnen dort zu keimen, wo das für kleine Pflanzen am ratsamsten ist: in den Baumkronen, wie die Epiphyten. In einer Astgabel hat vielleicht ein Vogel eine Beere fallen lassen oder mit seinem Kot ausgeschieden, aus dem eine kleine Pflanze wächst, die sich nun auf dem Wirtsbaum einnistet. Sie bleibt dort allerdings nicht lange, sondern bildet zielstrebig Wurzeln aus, die sich entlang des Wirtsbaumes nach unten hangeln, bis sie den Waldboden erreicht haben. In diesem Stadium ähnelt der Baumwürger einer Liane. Mit dem Erreichen des Waldbodens hat er seine Wasser- und Nährstoffversorgung schlagartig verbessert. Nun kann er seine eng an den Wirtsbaum angefügten Luftwurzeln allmählich netzartig ausbreiten und verdicken, sodass diese den Wirtsbaum regelrecht strangulieren. Da die Bäume ihre Wasserversorgungsleitungen dicht unter der Rinde haben, gelingt dies recht rasch im Lauf von wenigen Jahren. Inzwischen hat der Baumwürger seine vormaligen Luftwurzeln, die sich um den Stamm des Wirtsbaumes gelegt haben, zu einem eigenen Stamm verdickt. Er benötigt nun den allmählich absterbenden und verfaulenden Wirtsbaum nicht länger. Er hat mit einem reich verzweigten Laubwerk diesem ohnehin schon den Kronenraum und damit das Licht weitgehend weggenommen. Aus dem ursprünglichen „Ephiphyten“ ist nun über das Zwischenstadium der „Liane“ selbst ein mächtiger Baum geworden. Der Baumwürger hat im Lauf seiner Individualentwicklung sämtliche Wuchsformen des Waldes nacheinander durchlaufen und somit je nach Lebensphase deren Vorteile genutzt. Es überrascht von daher nicht, dass in den indischen Feuchtwäldern (wie auch in anderen Teilen der Tropen) die Baumwürger mit mehreren Arten vertreten sind und auch sehr individuenreich werden können. Selbst dass ein Baumwürger seinerseits nun wiederum von einem jüngeren Baumwürger erwürgt wird, lässt sich im Wald wie auch an Alleebäumen häufig beobachten.

Obwohl die tropischen immergrünen Wälder in Indien seit Jahrtausenden vom Menschen in ihrer wohl gesamten Fläche genutzt werden, sind sie immer noch mit mehr als hundert verschiedenen Baumarten auf wenigen Hektar Fläche erstaunlich artenreich. So viele verschiedene Baumarten findet man in Europa insgesamt nicht. Viele dieser Arten trifft man nur in einem kleinen Gebiet an, die sogenannten Endemiten. Der mittlere und östliche Himalaja mit seinen Vorgebirgen ist ebenso wie die südindischen Westghats einer der weltweiten Hotspots an Biodiversität.

Gibt es in Indien tropischen Regenwald?

Der Begriff des tropischen Regenwaldes wurde im Jahr 1898 von dem deutsch-elsässischen Botaniker Schimper geprägt und ist vom Deutschen ausgehend wohl in alle Schriftsprachen übersetzt worden. Seit den 1980er Jahren und dem wachsenden Bewusstsein der Bedrohtheit tropischer Wälder ist dieser ursprünglich wissenschaftliche Terminus auch in das öffentliche Bewusstsein gelangt.

Geobotaniker und Vegetationsgeographen sind indes in den vergangenen beiden Jahrzehnten vielfach vom Terminus des tropischen Regenwaldes wieder abgerückt. Dies mag zum einen an der Abgrenzung gegenüber der populären medialen Rezeption liegen. Vor allem aber ist durch weitere Forschungen und zunehmendes Wissen das Bewusstsein um die Vielfalt und Unterschiedlichkeit der tropischen Wälder gewachsen. Die meisten „Regenwaldforscher" sprechen heute lieber von „tropischen Feuchtwäldern", und dies im Plural. Einige dieser Wälder sind immerfeucht, einige durch eine gewisse Trockensaison im Jahresverlauf geprägt. Andere sind El-Niño-Effekten mit einer sehr gelegentlichen, aber ausgeprägten Trockenphase unterworfen. Neben Wäldern mit Mitteltemperaturen in jedem Monat von über 25 °C gibt es solche, die eine deutlich kühlere Jahreszeit aufweisen. Daneben gibt es Wälder in den Bergwaldstufen, die das ganze Jahr hindurch relativ kühl sind. Schließlich gibt es noch Waldtypen, die fast überhaupt nicht auf Niederschläge direkt angewiesen sind, sondern an Flussufern als Galeriewälder vom hohen Grundwasserstand der Talauen profitieren. Alle diese Waldtypen wurden (und werden) aber zum „tropischen Regenwald" im weitesten Sinne zusammengefasst.

Die indischen tropischen Feuchtwälder sind allesamt durch eine winterliche Trockenperiode geprägt. Diese ist im Nordosten Indiens am kürzesten (etwa zwei Monate), beträgt aber in den südindischen Feuchtwäldern wenigstens vier Monate. Diese Wälder weisen aber dennoch zum großen Teil entsprechende physiognomische und ökologische Merkmale auf, sodass wir sie getrost zu den tropischen Regenwäldern im Sinne der Forschungstradition rechnen können. Zu diesen charakteristischen Merkmalen gehören eine große Wuchshöhe (bis über 50 m), Stockwerkbau mit einem nach oben hin offenen, gestuften Kronendach, weitgehend immergrüne Bäume sowie die typischen Lebensformen der Pflanzen wie Epiphyten, Lianen und Baumwürger.

Der tropische Wald – „primär" oder „sekundär"?

Seit im 19. Jahrhundert Alexander von Humboldt seine bekannte Forschungsreise in die Regenwaldgebiete Südamerikas durchgeführt hat, werden die feuchten tropischen Wälder in Europa vermehrt wahrgenommen. Die Zuschreibungen von Eigenschaften gegenüber diesem bislang fast unbekannten Waldtypus lesen sich wie ein weiblicher bürgerlicher Tugendkatalog der damaligen Zeit. Tropische Feuchtwälder galten als „unberührt", gar als „jungfräulich". Bis heute hält die Tendenz an, in tropischen Wäldern eine ursprüngliche Natur zu sehen und den Jahrtausende alten menschlichen Kultureinfluss auf diese Wälder zu ignorieren. Der wissenschaftliche Terminus für „unberührten Wald" ist der „Primärwald". Der Gegensatzbegriff dazu wäre der vom Menschen veränderte, nachgewachsene Wald, der „Sekundärwald".

Erst in den vergangenen Jahrzehnten mehren sich wissenschaftliche Erkenntnisse, wonach es auch in Amazonien, sehr viel deutlicher aber noch in den Feuchtwäldern Asiens, kaum Flächen geben dürfte, die im strengen Sinne „primär" sind. Gleichzeitig existieren aber verbreitet Waldformen, die zwar von menschlicher Nutzung nicht unbeeinflusst sind, aber die auch ein Fachmann zumindest auf den ersten Blick kaum von Primärwald unterscheiden könnte. Vielfach hat sich für diese naturnahen Wälder, ob im strengen Sinne primär oder nicht, die Bezeichnung „*old forests*" (Alte Wälder) durchgesetzt. Diese sind reich an Baumarten und an anderen charakteristischen Lebensformen des feuchten tropischen Waldes, sind überaus reich an Tierarten und besitzen ein in Stockwerke gegliedertes, nach oben hin offenes Kronendach. Alte Bäume werden nicht „geerntet", sondern vermodern allmählich und schaffen damit wieder Lebensräume u. a. für Höhlenbrüter, Käferlarven und Pilze.

Der feuchte Monsunwald – Lebensraum der großen Säugetiere

Der tropische immergrüne Wald findet sich in Indien überall dort, wo sich Nord-Süd bis Ost-West verlaufende Gebirge dem sommerlichen Südwestmonsun entgegenstellen, die Luftmassen zum Aufsteigen bringen und als Folge von deren Abkühlung Steigungsregen hervorrufen. An diesen Standorten ist die Regenzeit nicht nur besonders ergiebig, sondern auch zeitlich besonders ausgedehnt und bringt die üppigsten Wälder hervor.

Wo die Gebirgsschranke allerdings überschritten wird, setzt der Steigungsregen aus und die Wälder werden trockener. Dies wirkt sich im feuchten Monsunwald zunächst so aus, dass die Bäume in der winterlichen

Trockenzeit ihre Blätter verlieren. Die verdunstende Oberfläche des Baumes verringert sich dadurch und somit verkleinern sich auch Wasserbedarf und Wasserverluste. Der Baum kann damit ungeschädigt die Trockenzeit überstehen.

Anders als im immergrünen Wald haben die bodennahen Kräuter und Gräser nun eine günstige Phase zu Beginn der Regenzeit mit üppigem Wasserangebot und starkem Lichteinfall, solange die Bäume noch kahl sind. Der Bodenbewuchs kann somit dicht und üppig gedeihen. Aber auch in der belaubten Regenzeit fällt mehr Licht als im immergrünen Wald ein, weil die Bäume weiter auseinander stehen.

Die feuchten Monsunwälder sind der Lebensraum der großen Säugetiere, die auf die üppige Bodenschicht an Gräsern und Kräutern angewiesen sind. Dazu gehören insbesondere die Huftiere wie der Gaur, ein Riesenrind, bei dem die Bullen bis über zwei Meter Schulterhöhe erreichen können. Hirsche und Wildschweine sind reichlich vertreten. Der indische Elefant ist in diesen lichteren Wäldern ebenfalls häufig. Im Vergleich zu den immergrünen Wäldern, wo diese Tiere in geringerer Zahl auftreten, weil ihnen das Nahrungsangebot fehlt, sind die großen Tiere in der offenen Vegetation des feuchten Monsunwaldes auch besser erkennbar. Hier liegen die besucherstärksten Nationalparks wie Kanha (Bundesstaat Madhya Pradesh, Zentralindien) oder Bandipur (Bundesstaat Karnataka, Südindien).

Große Tierbestände ziehen auch die großen Raubtiere an, die aber so wenig zahlreich sind und so versteckt leben, dass man sie nur ausnahmsweise zu sehen bekommt. Zu diesen großen Räubern gehören der Indische Tiger (Königstiger), aber auch Leoparden kommen vor, ebenso die in Gruppen jagenden Rothunde, in Zentral- und Nordindien auch Wölfe. Den Lippenbären bekommt man von allen großen Raubtieren am häufigsten zu sehen. Von den kleineren Raubtieren sind Mungos häufig, die sich vor allem von Schlangen ernähren. Affen sind in mehreren Arten vertreten. Vielfach sind sie so zahm, dass sie sich von Hand füttern lassen.

Erhoffte Begegnung: Ein ganz großer „Inder“ schaut hinter einem Busch hervor.

Plagegeister

Im Allgemeinen droht Wanderern im indischen Dschungel durch die Raubtiere keine Gefahr. Nicht gefährlich, aber tödlich lästig werden dagegen kleinere Saugwürmer, die Landblutegel. Diese Verwandten der in Mitteleuropa heimischen Medizinischen Blutegel (wobei diese allerdings nur im Wasser vorkommen) sitzen entlang der Trampelpfade und Wildwechsel auf niedrigen Kräutern und Gräsern. Wenn ein Warmblütler an dieser Pflanze entlang streift, pendelt der Blutegel sofort auf die Haut dieses Tieres oder Menschen über und saugt sich dort fest. Nun dauert es noch einige Minuten, bis der Blutegel sich in die Haut zu bohren beginnt. Meist nimmt das Opfer nichts davon wahr. Das liegt daran, dass die Blutegel einen betäubenden Stoff in die Wunde absondern. Ein weiterer in die Wunde eingebrachter Stoff verhindert die Blutgerinnung, sodass die Egel weiter mit Blut versorgt werden. Dies dauert so lange, bis der Blutegel sein Volumen vervielfacht hat und dann einfach abfällt. Die Wunde blutet dann noch stundenlang weiter. Meist will man, nachdem man den Sauger bemerkt hat, aber nicht so lange warten. In diesem Falle stößt man auf Schwierigkeiten: Der Blutegel hat sich so stark festgesaugt, dass er nur noch unter größtem Kraftaufwand zu entfernen ist.

Landblutegel finden sich in allen feuchteren Waldtypen Indiens, aber in diesen sind sie nur während der Regenzeit aktiv. Die Waldbesucher können sich ein wenig schützen durch Gamaschen oder durch Gummistiefel. Ganz sicheren Schutz gibt es allerdings nicht, da die Blutegel auch durch Schuhösen und sogar durch grobmaschige Strümpfe dringen können, indem sie sich ganz schmal machen. Aber jeder Forest Ranger hat seine Geheimtipps wie „mit Tabaklauge einreiben" oder „Seife auf die Haut auftragen". Auch die handelsüblichen Mittel zur Moskito- und Zeckenabwehr können hilfreich sein. In Indien ist auch eine sehr angenehm riechende Salbe aus Zitronella-Gras in jeder Apotheke oder Drogerie erhältlich.

Gamaschen erschweren das Eindringen der indischen Landblutegel.

Tropischer Wald „extra dry“: trockener Monsunwald

In den Beckenlagen völlig im Regenschatten der Gebirge oder auch in großen Teilen des trockenen Nordwestens Indiens breitet sich der trockenste Waldtyp aus, der trockene Monsunwald. Hier werden die Bäume, die im feuchten Monsunwald noch bis über 20 m Höhe erreichen, nur noch wenige Meter hoch und sind meist auch durch größere Abstände voneinander getrennt. Dazwischen wächst eine auch in der Regenzeit eher spärliche Grasvegetation. Nur wenig Großwild lebt hier, weil das Futter zu knapp ist und der Sichtschutz der Vegetation gegen Raubtiere spärlicher ist als in den feuchteren Waldtypen. Da die Wuchsleistung der Bäume bei Wassermangel nur gering ist, müssen diese ihre jungen Triebe besonders schützen. Viele Bäume des trockenen Monsunwaldes haben daher Dornen oder Stacheln ausgebildet.

Der trockene Monsunwald ist, weil er sich nur langsam regeneriert, durch den Menschen stark zurückgedrängt worden. Er ist meist einem niedrigen Gestrüpp oder offenem Grasland gewichen. Wo genügend Wasser vorhanden ist, wird er auch durch Bewässerungsland ersetzt.

Wild lebende Affen (Bonnet-Makaken) auf der Suche nach Essbarem sind in den Nationalparks nicht nur zahm, sondern geradezu aufdringlich geworden.

Naturschutz in Indien

Als Folge der Hindu-Religion, die anders als Judentum, Christentum und Islam keinen prinzipiellen Unterschied zwischen Mensch und Tier erkennt, genießen Tiere einen hohen ideellen Stellenwert. Dieser äußerst sich auch im Naturschutz. Insbesondere sind es die symbolbehafteten großen Arten wie Panzernashorn, Elefant und Tiger, deren Schutz allgemeine mediale Aufmerksamkeit findet. Diese Bestrebungen werden von der Politik mit Blick auf die Wahlergebnisse maßgeblich unterstützt, wie in den 1980er Jahren in der Kampagne „Preserve the tiger!“

Dieser Verbund von Medien und Politik hat seit den 1970er Jahren zur Ausweisung zahlreicher Nationalparks geführt. Daneben gibt es noch mehrere Kategorien kleinerer Naturschutzgebiete unterschiedlicher Zweckbestimmung.

Insgesamt gelten heute knapp zehn Prozent der indischen Staatsfläche noch als Wald.

Tierbeobachtung

Die großen Säugetiere wie Hirsche, Wildschweine, Wildrinder und Bären beobachtet man am besten in den Nationalparks. Um kleinere Tiere zu beobachten, muss man oft nicht so weit fahren. Zu Bewässerungszwecken wurden in Indien seit alters her Stauweiher, sogenannte Tanks, angelegt, die meist voll von Vogelleben sind. Insbesondere lassen sich hier verschiedene Arten von Störchen, Reihern und Rallen in einer meist erstaunlichen Individuen- wie Artenvielfalt beobachten. Auch mehrere Arten von Eisvögeln wird man regelmäßig antreffen können. Besonders häufig findet man sie auf Stromleitungen sitzend, die Gewässer überspannen, auf der Lauer nach einem Fisch, auf den sie dann blitzschnell herabstoßen. Es lohnt sich aber auch, einen Blick in den Himmel zu richten, wo etliche Arten von Greifvögeln zu entdecken sind. Besonders auffällig sind die Milane mit schmalen Schwingen und einem gegabelten Schwanz. Geier dagegen sind selten geworden. Man führt dies auf ein Medikament zurück, das Rindern verabreicht wird und das die Geier mit ihrer Aasnahrung in den eigenen Körper aufnehmen.

Bei vielen Tierarten fällt auf, dass sie sehr zutraulich wirken. Dies hängt auch mit der Hindu-Religion zusammen, die jede Art der Verfolgung von Tieren, wie insbesondere auch die Jagd, zumindest erschwert.

Sehr reich vertreten ist auch die Insektenfauna, wobei vor allem große bunte Schmetterlinge ins Auge fallen.

Die gefürchteten Schlangen wird man nur ausnahmsweise sehen. Sie werden auch nur dann gefährlich, wenn man sie unmittelbar berührt oder auf sie tritt. Die beste Schlangenvermeidung ist also: gründlich hinschauen, wohin man den Fuß setzt. Abgesehen davon sind Schlangen sehr scheu und fliehen zumeist vor Menschen, alarmiert durch geringfügige Bodenerschütterungen, die der menschliche Tritt auslöst. Häufiger als Schlangen wird man dagegen verschiedene Arten von Echsen sehen, insbesondere Agamen und Warane. Der Bindenwaran ist die größte Echse und kann weit über einen Meter Länge erreichen.

In den Seen und Tümpeln der spärlicher besiedelten Gebiete ist das indische Sumpfkrokodil (*Crocodylus palustris*) nicht selten, vor allem in den

Nationalparks. Nach neueren Genom-Analysen bildet es eine Art mit dem afrikanischen Nilkrokodil (*Crocodylus niloticus*). Anders als Letzteres bleibt dieses aber deutlich kleiner (bis etwa dreieinhalb Meter) und wird dem Menschen daher nur gefährlich, falls man es in die Enge treibt. Reglos liegen die Krokodile meist in der Sonne am Ufer und lassen sich geräuschlos ins Wasser gleiten, sobald man sich nähert. Gefährlich dagegen ist das Leistenkrokodil, das, wie sein englischer Name (*Saltwater Crocodile*) zeigt, im Meer und an Küsten vorkommt. Es kann über fünf Meter lang werden und bewacht und verteidigt seine Brut. Allerdings ist es selten geworden und kommt nur in entlegenen Mangrovengebieten vor, wo der Tourist üblicherweise nicht hinkommt.

Das relativ kleine indische Sumpfkrokodil (bis 3,5 m) ist ein Süßwasser-Krokodil. Es greift im Allgemeinen keine Menschen an.

MULUND

7 Regenzeit und Trockenzeit in Indien

Der indische Monsun ist nicht nur ein naturräumliches Phänomen. Er besitzt auch größten Einfluss auf die Wirtschaft und auf das Alltagsleben der Menschen, denn immer noch mehr als die Hälfte der indischen Bevölkerung arbeitet in der Landwirtschaft. Diese ist aber auf die sommerlichen Regenfälle angewiesen. Wichtiger als die Ergiebigkeit der Niederschläge ist dabei ihr rechtzeitiges Eintreffen und eine lange Andauer, um gerade in den trockeneren Teilen des Landes eine ausreichende Ernte zu ermöglichen.

Im Vormonsun ab Ende April befindet sich Indien sozusagen im Monsun-Wartestand. Die großen Tageszeitungen und die Fernsehsender berichten täglich über Prognosen zum Eintreffen des Sommermonsuns. Beginnt er dann endlich, von der Südspitze Indiens ausgehend, sich im Land durchzusetzen, wird weiterhin laufend berichtet, wo die „Monsunfront" denn nun angekommen ist. Der Beginn des (Sommer-)Monsuns ist für die Menschen eine Zeit der Freude, auch wenn er den Aktionsraum im Alltag stark einschränkt. Immerhin nehmen die ersten Niederschläge ein paar Grade weg von der trockenheißen Vormonsun-Periode. Allerdings wird die Luft nun drückend-schwül.

Auch die Städter sind auf den Monsun dringend angewiesen, sichert er doch ihre häusliche Wasserversorgung. Um die Stauseen in den Bergen zu füllen, ist allerdings, umgekehrt zur Landwirtschaft, das Ausmaß der Regenfälle wichtiger als der rechtzeitige Eintritt.

◂ Heftige Niederschläge während der Sommermonsunregen führen zu großflächigen Überflutungen. Dies führt nicht nur zu Verkehrsbehinderungen wie im Bild, sondern Hunderte Menschen verlieren auch jeweils ihr Leben.

Cherrapunji – der niederschlagsreichste Ort der Erde

Es gibt eine ganze Anzahl von Klimadiagrammen für den Raum Cherrapunji im nordostindischen Bundesstaat Meghalaya. Bei einigen summieren sich die Jahresniederschläge auf bis zu mehr als 18 000 mm, bei anderen bleiben sie im Rahmen von etwa 10 000 mm. Meist gelten diese Niederschläge als die höchsten der Welt, bei der unteren Grenze der Messwerte könnten ihnen Stationen auf den Hawaii-Inseln noch Konkurrenz machen.

Diese Werte bedeuten, dass die gesamte Landfläche der Region, wenn nichts von den gefallenen Niederschlägen abfließen oder verdunsten würde, am Ende eines Jahres mehr als 10 m tief unter Wasser stünde. Zum Vergleich: Im mitteleuropäischen Tiefland fallen im Mittel etwa 70 cm Niederschlag im Lauf eines Jahres, in deutschen Gebirgsregionen bis wenig mehr als 2 m. Noch beeindruckender ist, dass ein Großteil dieser extremen Niederschläge in wenigen Sommermonaten fällt.

Dennoch kann man nicht sagen, dass es in den Sommermonaten im Raum Cherrapunji durchgehend oder auch nur überwiegend regnen würde. Stundenlange wolkenbruchartige Schauer wechseln mit Aufheiterungsperioden. Tagelange Trockenheit ist selbst zum Höhepunkt der sommerlichen Regenperiode durchaus nicht ungewöhnlich.

Die enorme Höhe der Niederschläge in Cherrapunji erklärt sich zum einen aus dem sommerlichen Südwestmonsun. Dieser kann aber nur deshalb so effektiv werden, weil die Luftmassen auf ihrem Weg vom Arabischen Meer zum asiatischen Hitzetief durch ein spitz zulaufendes Gebirgsdreieck aus Himalaja im Norden und Patkai-Gebirge im Osten buchstäblich in die Zange genommen werden und nicht zur Seite hin ausweichen können. Ansteigende feuchte Luftmassen kühlen sich aber fast stets ab. Da kältere Luft weniger Wasser in gasförmigem Zustand speichern kann als warme Luft, kommt es zu Kondensation und Niederschlagsbildung. In dieser an sich schon äußerst niederschlagsträchtigen Situation stellt sich dem aufsteigenden Luftstrom noch zusätzlich das niedrigere Vorgebirge der Khasi Hills entgegen und verstärkt die Aufstiegstendenz und damit die Niederschlagsbildung noch zusätzlich.

Letzten Endes ist also für das Niederschlagsextrem die räumliche Kombination von einem stabilen saisonalen System an feuchtwarmen Winden mit einer ungewöhnlichen Anordnung des Reliefs verantwortlich.

Hinweisschild in Cherrapunji.

Niederschlagswerte in Cherrapunji, Nordostindien.
Quelle: www.klimadiagramme.de/Asien/cherrapunji.html.

Monat	Niederschlag in mm
Jan	11
Feb	46
Mär	240
Apr	938
Mai	1214
Jun	2294
Jul	3272
Aug	1760
Sep	1352
Okt	549
Nov	72
Dez	29
gesamt	11777

Der Segen der reichen Sommermonsun-Niederschläge kann sich jedoch auch ins Gegenteil wenden, wenn der Regen zu stark ausfällt und zu weiträumigen Überflutungen vor allem in den Stromtiefländern und Küstenebenen führt, in denen die meisten Inder leben. Jährlich verlieren in Indien hunderte Menschen auf diese Weise ihr Leben.

Was versteht man unter „Monsun"?

Unter „Monsun" versteht man den Wechsel der jeweils vorherrschenden Windrichtung im Lauf des Jahres um mehr als 90 Grad. Das bedeutet, dass im jahreszeitlichen Wechsel die vorherrschenden Winde aus jeweils entgegengesetzten Richtungen wehen. Möglich wird dies durch eine Verlagerung der großräumigen Luftdruckzonen, die wiederum vom wechselnden Sonnenstand bestimmt ist. Da Luftmassen tendenziell vom hohen zum niedrigeren Druck wehen, ergeben sich daraus charakteristische Windrichtungen.

Für Indien wichtig ist der Wechsel zwischen dem Sommermonsun (auch: Südwestmonsun), der auf das asiatische Hitzetief zuweht, und dem Wintermonsun, der als Nordostpassat vom zentralasiatischen Kältehoch nach Indien weht.

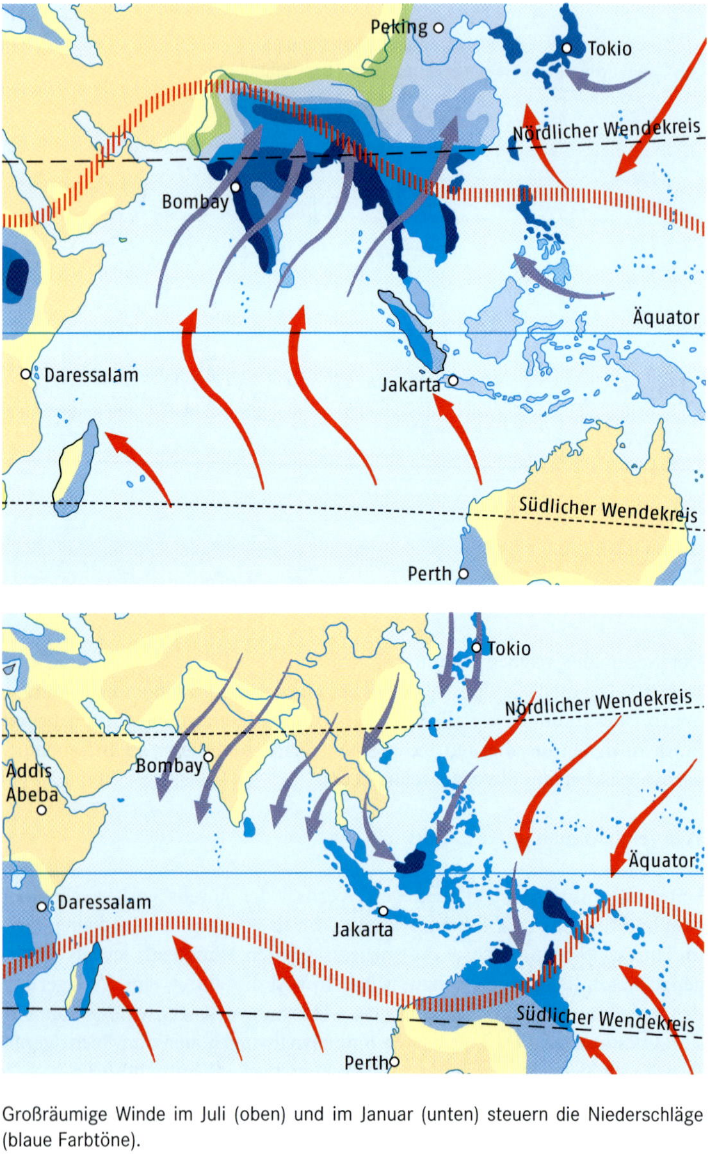

Großräumige Winde im Juli (oben) und im Januar (unten) steuern die Niederschläge (blaue Farbtöne).

Am Ende der Trockenzeit.

Warum bringt der Wintermonsun keinen Regen?

Der Wintermonsun besitzt ziemlich genau die entgegengesetzte Richtung wie der Sommermonsun: Er weht von Zentralasien her und muss daher den Himalaja herunter steigen. Dieser Abstieg führt zu einer Temperaturzunahme. Da aber wärmere Luft mehr Wasserdampf enthalten kann, lösen sich Wolkenfelder auf. Die Folge ist eine ausgesprochene winterliche Trockenheit in nahezu allen Teilen Indiens.

Trockengebiete – trotz Sommermonsun

Wie die Karte auf S. 64 zeigt, ist dem indischen Kontinent das Arabische Meer vorgelagert, aus dem der indische Sommermonsun seinen Wasserreichtum bezieht. Die zumeist reichen indischen Sommerniederschläge fallen aber nicht in allen Teilen des Subkontinents. Im äußersten Nordwesten kommen die südwestlichen Strömungen nicht mehr vom Arabischen Meer her, sondern von der nördlich anschließenden Arabischen Halbinsel bzw. vom Horn von Ostafrika. Damit gelangt aber keine warmfeuchte, sondern ausgesprochen trockene Wüstenluft in die Region an der Grenze zu Pakistan. Daher hat sich hier die Wüste Tharr ausgebildet.

8 Wasser für Indien

Man hat früh versucht, den sommerlichen Überschuss an Wasser für die winterliche Trockenzeit zu speichern. Einen natürlichen Wasserspeicher stellt der Untergrund mit dem Grundwasser dar. Entsprechend bedeutend ist seit jeher der Brunnenbau. Der Nachteil von Brunnenbewässerung ist, dass das natürlich bereitgestellte Wasser nicht unbegrenzt zur Verfügung steht

Junge Frauen beim Wasserholen.

◄ Vor allem in der sommerlichen Monsunperiode ist Indien ein Land mit vielen Wasserfällen (hier: im westlichen Himalaya nördlich Delhi).

und sich vor allem am Ende der Trockenzeit rasch erschöpft. In küstennahen Gebieten ist noch ein zusätzliches Problem, dass das leichtere Süßwasser über dem vom Meer her eindringenden Salzwasser schwimmt. Wird zu viel Süßwasser abgeschöpft, dringt das Salzwasser nach. Das Brunnenwasser wird brackig und ab einem bestimmten Salzgehalt als Trinkwasser wie auch für die Bewässerung unbrauchbar. Viele Bauern sind schon vor Jahrzehnten zum Bau von Tiefbrunnen übergegangen, wo die Wasserförderung nicht mehr durch menschliche oder tierische Kraft, sondern durch dieselbetriebene und damit stromunabhängige Motorpumpen geschieht. Diese Tiefbrunnen sind von den saisonalen Niederschlägen weniger abhängig.

Das Aufstauen von Wasser ist eine zweite Möglichkeit der Bevorratung von Wasser für die Trockenzeit. Seit mehr als zweitausend Jahren werden in Südindien flache Erdwälle aufgeworfen, die einen Stauweiher ermöglichen (engl.-ind.: *tank*). Der Nachteil dieser flachen Stauseen im nur wenig relie-

Am Ende der Trockenzeit bilden auch größere indische Flüsse nur noch einen dünnen Bachlauf. Er wird dennoch von Frauen aufgesucht, die darin ihre Wäsche waschen.

fierten Gelände ist eine im Verhältnis zur Wassertiefe bzw. zum gestauten Wasservolumen sehr ausgedehnte Wasseroberfläche. Diese große Oberfläche führt dazu, dass das aufgestaute Wasser in der Regel schon vor Mitte der Trockenzeit fast völlig verdunstet ist. Mit Hilfe der Stauweiher kann man die Wachstumsphase der Feldkulturen am Ende der Regenzeit noch um ein paar Wochen verlängern und damit vielleicht eine zusätzliche Ernte einholen. Völlig überbrücken lässt sich die Trockenzeit damit jedoch meist nicht, und es entfällt auch dadurch die Möglichkeit zu einer dritten Ernte.

Sehr viel effizienter sind die großen Stauseen. Sie entstanden erst ab dem frühen 20. Jahrhundert, als die beginnende Elektrizitätswirtschaft vor allem auf Wasserkraft setzte. Von der Naturausstattung bieten sich für die Anlage von Stauseen und Wasserkraftwerken vor allem die Gebirge an. In Indien sind das der Himalaja im Norden und und die Westghats (engl. Western Ghats) in Südindien.

Ein traditioneller Stauweiher (*tank*). Im Vordergrund der niedrige Damm aus Erdaushub, dahinter, an der tiefsten Stelle des Teiches, die am Ende der Trockenzeit noch verbliebene Wassermenge. In der gerade eben erst trocken gefallenen Zone dahinter weidet das Vieh des Dorfes.

Indische Stauseen vernichten Wälder und Kulturland, aber sie ermöglichen Energiegewinnung und ganzjährige Bewässerung. Zudem bieten sie oft auch Hochwasserschutz.

Die Anlage eines Stausees dient, zumal in Indien, immer mehreren Zwecken: Neben der Wassergewinnung für die Landwirtschaft und der Stromerzeugung spielt die Trinkwassergewinnung für die wachsenden Metropolen eine zunehmende Rolle. Seit dem Spielfilm *Slumdog Millionär* sind die gewaltigen oberirdisch geführten Rohrleitungen, die von den Stauseen der Westghats nach Mumbai (Bombay) verlegt wurden, international ein Begriff. Sie dienen den Bewohnern benachbarter Slumsiedlungen als Gehweg durch ein sonst fast unwegsames Gelände an Wohnhütten und Mangroven.

Auch der Hochwasserschutz für die unterhalb des Stausees gelegenen Gebiete kann als positiver Aspekt gelten. Und schließlich werden Seen jeder Art auch gerne von Touristen angesteuert, die allerdings in Indien zumeist nicht baden, sondern etwa Bootsfahrten unternehmen.

Die Anlage von Stauseen erfolgte schon massiv in britischer Zeit, wurde aber seit der Unabhängigkeit und vor allem wieder seit den 1970er Jahren sehr forciert. Da Indien so gut wie keine landwirtschaftlichen Reserveräume besitzt, die noch zu erschließen wären, ist eine Ausdehnung der bewirtschafteten Fläche fast nur durch Bewässerung und Mehrfachernten auf gleicher

Wasser als spiritueller Gegenstand

Weil Landwirtschaft seit jeher das tragende Element der indischen Wirtschaft war und weil das Wasser innerhalb dieser Landwirtschaft so fundamental ist, hat auch das Wasser seit jeher eine große mystische und religiöse Bedeutung gewonnen. Wasser ist notweniger Bestandteil vieler hinduistischer Riten, und ein Tempelteich ist aus keinem religiösen Bezirk wegzudenken. Im Mittelpunkt der großen Tempelanlagen liegen oft quadratisch angelegte Teiche, zu denen treppenartige Abgänge führen. In den kleineren ländlichen Tempeln liegt ein Teich oft randlich und ist fast mit Lotosblumen zugewachsen. Indiens wasserreichster Strom, der Ganges, gilt Hindus als heilig. An seinen Ufern, vor allem am heiligen Ort Varanasi, werden die Toten verbrannt und ihre Asche wird dem Fluss anvertraut.

Obwohl im Alltag die meisten Inder ein Verhalten an den Tag legen, das die Existenz von Bakterien konsequent zu ignorieren scheint, gehen sie doch sehr sorgsam mit der Reinheit von Trinkwasser um. Oft kann man beobachten, dass sie nicht mit dem Mund die Wasserflasche berühren, sondern die geneigte Flasche überlaufen lassen und das Wasser mit nach oben geneigtem Mund auffangen. Dies hat neben der Tatsache, dass das Wasser nicht so rasch verdirbt, auch noch den Vorteil, dass mehrere Personen aus der gleichen Flasche trinken können.

Spirituelles Wasser: Pflücken der heiligen Lotosblume im Tempelteich.

Nichts geht über Gangeswasser

Narayan M. (60 Jahre, Brahmane):
„Am Gangesufer, wo die Menschen zu baden pflegen, ist das Wasser sehr schmutzig, weil Abwässer eingeleitet werden. Aber wenn man mit einem Boot in die Flussmitte fährt, lässt sich sauberes Wasser schöpfen. Wir nehmen natürlich nur das Gangeswasser für unsere Hausrituale."

Sanjay J. (21 Jahre, Hindu-Milchmann):
„Ich bin kein Gelehrter, aber ich glaube, dass das Gangeswasser äußerst rein ist und es sich um göttlichen Nektar handelt. Es kann viele Krankheiten heilen, deshalb haben wir auch immer etwas davon im Haus. Und der Geschmack des Gangeswassers ist sehr frisch und süß. Ein Aufenthalt am Ganges-Flussufer gibt meinem Geist spirituellen Frieden."

Zitate der beiden Inder aus: Lemcke & Holdschlag 2007

Tausende von Menschen nehmen täglich ein rituelles Bad im Ganges, hier in Varanasi (Benares).

Fläche möglich. Es überrascht daher nicht, dass der Bewässerungsanteil an den landwirtschaftlichen Flächen kontinuierlich ansteigt. Mit Hilfe vor allem der Bewässerungswirtschaft hat Indien in den 1970er und 1980er Jahren den Hunger besiegt.

Da Indien ein dicht besiedeltes Land ist und mehr als die Hälfte der indischen Bevölkerung als Bauern von der Landwirtschaft lebt, ist Landbesitz von großer wirtschaftlicher wie auch ideeller Bedeutung. Große Industrie- und Staudammprojekte haben deshalb von vornherein mit großem Widerstand der lokalen Bevölkerung zu kämpfen. Seit etwa zwei Jahrzehnten hat sich dieser zuvor eher unpolitische Widerstand radikalisiert und mit den maoistisch geprägten Naxaliten eine politische Basis gefunden. Neue Großprojekte lassen sich damit kaum noch durchführen. Der Widerstand gegen Staudammprojekte hat durchaus massive reale Gründe: Den Stauseen fallen landwirtschaftliche Nutzflächen und Wohnstätten zum Opfer, und gerade in den Gebirgen vernichten sie wertvolle Naturräume, besonders auch die wenigen verbliebenen Wälder. Der drohende Verlust von Naturraum zieht den Widerstand regelmäßig auch in die großstädtischen Kreise der Bevölkerung hinein. Der Schutz von tierischen Mit-Lebewesen ist in Indien seit alters her in der Religion verankert und muss nicht wie in vielen Räumen der sogenannten Dritten Welt als Kulturprodukt „entwickelter Nationen“ erst importiert werden.

9 Nahrung für eine Milliarde: Landwirtschaft in Indien

Ertragsteigerung in der indischen Landwirtschaft – eine Erfolgsstory?

Die Agrarwirtschaft stellt auch heute noch auf dem Land – und dort leben zwei Drittel aller Inder – die weit überwiegende berufliche Betätigung dar. Hierin unterscheidet sich Indien von wirtschaftlich weiter entwickelten Ländern wie Deutschland oder den USA, wo selbst auf dem Land produzierende oder dienstleistende Berufe überwiegen.

Landwirtschaft ist aber auch in einer, pro Kopf gerechnet, immer noch exportschwachen und devisenarmen Nation die Basis für die Volksernährung. Hier kann man von einer Erfolgsgeschichte sprechen. Anders als noch in den 1960er Jahren, als Hungerkatastrophen ganze Landstriche heimsuchten, kann in Indien der Hunger als regelmäßig wiederkehrende Massenerscheinung als besiegt gelten. Allerdings gibt es noch Probleme bei der Verteilung des neuen Wohlstandes. Wo also heute noch Mangel an Nahrungsmitteln herrscht, ist dies ein Problem der unterschiedlichen Teilhabe an den finanzi-

◀ Die Erdnuss führt ihren Namen zu Recht: Man sieht ihre Früchte erst dann, wenn man die ganze Pflanze aus dem Boden reißt. Die Früchte der Schmetterlingsblütler (andere Bezeichnungen auch: Hülsenfrüchte oder Leguminosen) sind reich an essenziellen Aminosäuren. Sie sind damit ein wichtiger Ersatz für das bei Indern in der Nahrung weithin fehlende tierische Eiweiß.

ellen Ressourcen und nicht genereller Nahrungsmangel. Hungersnöte kann es auch noch gelegentlich in den Aufstandsgebieten der maoistischen Naxaliten nach Missernten geben, wenn bürokratische und Infrastrukturdefizite die Verteilung von Nahrungsmitteln durch die Regierung erschweren. Alles in allem kann man aber heute von einer ausreichenden Nahrungsmittelversorgung in Indien sprechen – und dies bei einer Bevölkerung, die jedes Jahr um etwa 15 Millionen wächst.

Die ausreichende Versorgung mit Nahrung wird nur deshalb möglich, weil Inder seit jeher an so gut wie ausschließlich pflanzliche Kost gewohnt sind. Gerade im Hinduismus ist dieses Prinzip ja geradezu in der Religion verankert. Wenn tierische Nahrungsmittel produziert werden, müssen etwa fünf bis zehn pflanzliche Kalorien (je nach Tierart und Produktionsziel) in Form von Futter investiert werden, um eine einzige tierische Kalorie in Form von Fleisch, Eiern oder Milch ernten zu können. Der Verzehr größerer Anteile tierischer Nahrung ist im Grunde Nahrungsverschwendung. Der Fehlernährung durch Mangel an tierischen Proteinen beugt man in Indien traditionell durch den Verzehr von Linsen, Erbsen, Bohnen, Soja und Erdnüssen vor. Diese

Ernteerträge bei einzelnen Agrarprodukten (in Mio. Tonnen): Die Abhängigkeit von Witterungseinflüssen, insbesondere vom pünktlichen Eintritt und der Ergiebigkeit der sommerlichen Monsunregen, lässt die Erträge von Jahr zu Jahr stark schwanken; man beachte die extremen Einbrüche 2003.

Jahre	Reis	Weizen	Hülsenfrüchte	Ölsaaten
1950-51	20.6	6.5	8.4	5.16
1970-71	42.2	23.8	11.8	9.63
1980-81	53.6	36.8	10.6	9.37
1990-91	74.3	55.1	14.3	18.61
1999-00	89.7	76.4	13.4	20.72
2000-01	85	69.7	11.1	18.44
2001-02	93.3	72.8	13.4	20.66
2002-03	71.8	65.8	11.1	14.84
2003-04	88.3	72.1	14.9	25.19
2004-05	80.8	72.8	13.13	24.35
2005-06	85.1	69.9	13.39	27.98
2006-07	86.7	69.3	14.2	24.29
2007-08	90.4	75.8	15.1	28.83
2008-09	99	78.7	14.66	29.14

Quelle: Agriculture Ministry of India

Hülsenfrüchte enthalten die notwendigen essenziellen Aminosäuren in ausreichender Menge. Als Folge der durch die Grüne Revolution forcierten Produktion von Getreide, vor allem Weizen und Reis, verlieren diese ergänzenden Hülsenfrüchte im Anbau an Bedeutung. Damit wächst die Notwendigkeit zusätzlicher tierischer Nahrungsmittel und die Gefahr von Mangelernährung vor allem auf dem Land und in den städtischen Slumgebieten.

Gerade der Grünen Revolution sind aber auch die Erfolge im Nahrungszuwachs zu verdanken. Unter Grüner Revolution versteht man ein Phänomen, das nicht auf Indien beschränkt ist. Unter Federführung der Welternährungsorganisation (FAO) der Vereinten Nationen wurden seit den 1960er Jahren neue wuchskräftige Sorten von Mais, Reis und Weizen gezüchtet, welche die Ernteerträge steil ansteigen ließen. Im Gegensatz zu den ertragsschwächeren lokalen Sorten benötigen die neuen Zuchtsorten allerdings mehr Wasser und mehr Dünger, teilweise auch zusätzliche Pestizide. Zumindest alle paar Jahre sollte wiederum frisches Saatgut gekauft werden. Die Grüne Revolution ist also durchaus mit finanziellen Vorleistungen und zusätzlichen Infrastrukturen verbunden und begünstigt große und ertragsstarke Betriebe vor allem im Nordwesten Indiens (Punjab). Auch wird der Grünen Revolution eine Verdrängung der sozial schwachen Landpächter und Landarbeiter vorgeworfen, die eher traditionell wirtschaften und denen die Bewirtschaftung bei höherer wirtschaftlicher Effizienz häufig vom Landbesitzer abgenommen wird. Dies sind die Nachteile der viel bewunderten Erfolge der Grünen Revolution. Hier wird auch deutlich, dass ein technischer Fortschritt sich nicht unbedingt auch als gesellschaftlicher Fortschritt auswirken muss, wenn man die sozialen Strukturen nicht genügend beachtet. Diese sozialen Strukturen sind in Indien stark kastengefestigt und folgen uralten Mustern.

Grundsätzlich ist Landwirtschaft in Indien so vielfältig wie das ganze Land mit seinen unterschiedlichen Klimaten, Völkern und ökosozialen Situationen. Ein Versuch der Systematisierung unterscheidet:

A) Ackerkulturen, vor allem Getreide, aber auch Hülsenfrüchte, Zuckerrohr und Baumwolle. Diese Kulturen sind flächenmäßig am weitesten verbreitet. Sie können nach der vorherrschenden Getreideart und nach der Art der Bewirtschaftung in drei Hauptregionen untergliedert werden:

- Reisbaulandschaften der Tiefländer: Ganges und Brahmaputra im Norden, Küstenebenen in Südindien
- Weizenbauregion des Nordwestens mit einer kühleren, aber noch weitgehend frostfreien Winterperiode (vielfach überlagert mit Reisanbau)
- Hochland von Dekkan in Südindien. Hier spielt der Hirseanbau noch eine große Rolle, überwiegend für lokale Märkte und zur Selbstversorgung.

Bauern nutzen die Durchgangsstraße zum Auslegen der Hirsekolben. Die darüberfahrenden Autos sorgen für das „Ausdreschen" der Körner. Diese werden anschließend wieder eingesammelt.

B) Pflanzungen und Plantagenkulturen. Es handelt sich um mehrjährige Gewächse, zumeist Sträucher oder Bäume. Die Produkte bedürfen zumeist einer Aufarbeitung in einer Fabrik oder Einrichtungen für einen raschen Abtransport.

Die wichtigste Plantagenkultur in Indien ist Tee geworden, der zu einem großen Teil exportiert wird. Nur hier und bei Kautschuk sind echte Plantagen als landwirtschaftlicher Großbetrieb üblich. Die anderen Plantagenprodukte wie Kaffee, Cashewnüsse, Palmöl, Kokosprodukte, Kakao und verschiedene Obstarten werden vorwiegend im Rahmen kleinerer Pflanzungen erzeugt, die teilweise in genossenschaftlicher Form organisiert sind. Da diese Produkte durchweg keine Grundnahrungsmittel darstellen und meist hohe Niederschläge voraussetzen, haben sie sich vorwiegend in den randlichen Teillandschaften Indiens entwickelt (Himalaja, Kaschmir, Westghats), die gebirgig und gut beregnet sind und die später und dünner besiedelt wurden. Da es sich vorwiegend um Sträucher und Bäume (Dauerkulturen) handelt, sind gerade hier die zum Teil steilen Hanglagen besser geschützt als bei Ackerkulturen, bei denen die Bodenoberfläche einen Teil des Jahres brach liegt und einer zerstörerischen Erosion ausgesetzt ist.

Eine Sonderform stellen Obstbaumpflanzungen dar. Zitrusfrüchte und Äpfel sind stark auf den äußersten Nordwesten (Kaschmir) konzentriert, Bananen und Mangos sind fast in allen Teilen Indiens zu finden.

C) Gemüsebau. Diese kleinflächigen und intensiven Betriebsformen nehmen insgesamt immer größere Flächen ein. Sie bieten sich vor allem dort an, wo Gebirgsräume und die großen städtischen Metropolen sich in großer Nähe zueinander befinden (z. B. Delhi – Himalaja, Mumbai/ Bombay – Westghats). In den kühlen Gebirgsregionen können die europäischen Salate und Gemüse angebaut werden, die im tropischen Tiefland nicht gedeihen würden oder dort kein gutes Aroma ausbilden. In den tieferen Lagen des Gebirgsvorlandes können dann auf ähnlich intensive Weise die tropischen Gemüsearten, wie Gurken, Bohnen, Tomaten oder Paprika, ergänzend angebaut werden.

Intensiver Gemüsebau steht aber erst am Anfang seiner Entwicklung. Er wird, mit zunehmender Ausbildung einer sozialen Mittelschicht und sich verfeinernden Ernährungsgewohnheiten, wohl am meisten in der Landwirtschaft vom wirtschaftlichen Aufschwung profitieren.

D) Formen der Viehhaltung. Rinder werden in der Landwirtschaft nur ergänzend als Zugvieh gehalten, aus religiösen Gründen jedoch nicht zur Fleisch-

Zebu-Ochsen sind immer noch als Zugtiere für die Landbearbeitung wichtig. Nach der Arbeit werden sie getränkt und gewaschen.

gewinnung. Die Milchproduktion ist bis jetzt wenig effizient und meist eher ein Nebenprodukt der Landwirtschaft, ganz anders als in Deutschland, wo Milchviehhaltung die wichtigste Betriebsform der Landwirtschaft darstellt. Schweinehaltung ist bei dem hohen Bevölkerungsanteil an Muslimen (mehr als zehn Prozent) ebenfalls nicht üblich, von einigen animistisch-christlichen Stammesregionen vor allem im Nordosten abgesehen. Fleischverzehr in Indien spielt wie bereits erwähnt nur eine recht geringe Rolle und ist vorwiegend auf Geflügel ausgerichtet, das ebenfalls als Nebenprodukt landwirtschaftlicher Betriebe gelten kann. Daneben ermöglichen die vielen Stauweiher zur Bewässerung vor allem in Südindien eine gewisse Fischproduktion.

Die für Indien vielleicht charakteristischsten Agrarkulturen, der Anbau von Reis und von Tee, wird im Folgenden genauer dargestellt.

Reisanbau

Reis wurde vermutlich zuerst in Südostasien aus einem Wildgras kultiviert. Heute gibt es weltweit und auf allen Kontinenten (außer der Antarktis) Anbauschwerpunkte. Dennoch ist der Schwerpunkt des weltweiten Reisanbaus bis heute „Monsunasien" geblieben: Süd- und Ostasien. Nach China ist Indien weltweit der zweitgrößte Produzent.

In den meisten Regionen Indiens ist Reis Bestandteil nahezu jeder Mahlzeit. Er kann sehr unterschiedlich zubereitet, aber wegen fehlender Bindemittel nicht zu Brot gebacken werden. Allerdings eignet er sich sehr gut für Süßspeisen. Über die Bedeutung von Reis als Haupt- und Grundnahrungsmittel hinaus hat er auch eine religiös-kultische Bedeutung, die mit seinem hohen Stellenwert im täglichen Leben zusammenhängt.

Da Land in Indien seit jeher knapp und teuer ist, wird der Reis in der Regel in ein sogenanntes Saatbeet gesät. Wenn die Saat dicht an dicht aufgeht und droht, sich durch weiteres Wachstum gegenseitig zu ersticken, wird der Reis aus dem Saatbeet auf die Felder verpflanzt. Immer ein kleines Büschel wird mit Abstand zum nächsten Büschel in den feuchten Boden eingesetzt. Diese anstrengende Arbeit, die meist in gebückter Körperhaltung verrichtet werden muss, führen fast stets Frauen aus. Das Pflügen, genauer gesagt eher das Zerstampfen und Vermischen des Bodens, ist Aufgabe der Männer, die oft altertümliche Pfluggestelle von einem Wasserbüffel ziehen lassen. Vereinzelt sieht man auch bereits Motorpflüge, vor allem im Norden Indiens.

Zum weiteren Wachstum nach dem Verpflanzen braucht der Reis vor allem viel Wasser. Das Feld sollte stets flach mit Wasser bedeckt sein. Dies lässt sich durch eine sehr ebene Oberfläche regeln, die hangabwärts mit flachen Dämmen abgetrennt ist. Wichtig ist die Verbindung zu einem nahen

Arbeiten im Reisfeld: Pflügen und Pflanzen.

Heilige Bäume am Rand des Reisfeldes

Regelmäßig am Rand der Felder sieht man in Indien eindrucksvolle Baumgestalten mit großen glänzenden Blättern. Es handelt sich um Banyanbäume (*Ficus benghalensis*), eine tropischen Feigenbaumart, die mit dem in Deutschland als Zimmerpflanze beliebten „Gummibaum“ eng verwandt ist und leicht mit diesem verwechselt werden kann. Beide sind Baumwürger, die andere Bäume töten (siehe Kapitel 6). Sie bilden von den waagrecht ausladenden Seitenästen Luftwurzeln nach unten, die sich zu mächtigen säulenartigen Stämmen verdicken, sobald sie den Boden erreicht haben. Der Baum dehnt sich somit tendenziell zu einem kleinen Wäldchen aus, wobei die Einzelstämme mit dem Ursprungstamm noch lange durch waagrechte Äste verbunden bleiben. Vareschi (1980, S. 12) beschreibt einen Banyanbaum im botanischen Garten von Kalkutta, der aus rund 60 Einzelstämmen besteht und ein riesiges Areal abdeckt. Soweit lassen es aber die Bauern am Rand der Felder nicht kommen.

Der Banyan genießt nicht nur religiöse Bedeutung und gilt als heilig. In seinem Schatten ruhen sich die Reisbauern auch aus, wenn sie die körperlich anstrengende Arbeit des Pflügens, Pflanzens und Erntens beendet haben.

Die nah verwandte *Ficus religiosa*, die in Nordostindien wild vorkommt, hat im buddhistischen Raum Südostasiens eine ähnliche religiöse und lebenspraktische Bedeutung.

Frisch geernteter Reis schmeckt nicht nur Menschen.

Bachlauf oder einer Quelle, welche das Wasser liefert und häufig bereits über höher gelegene Reisfelder herangeführt wird. Umgekehrt muss auch das überschüssige Wasser in tiefer gelegene Felder oder zurück in das Bachbett abgeleitet werden. Mit den Reisbauterrassen ist auch stets eine Gemeinschaftsleistung mehrerer Familien, oft einer ganzen Dorfgemeinschaft, verbunden, ohne die das Wassermanagement nicht zu leisten wäre.

Wenn der Reis seine Körner an den langen Rispen voll entfaltet hat, wird das Wasser auf dem Feld abgelassen. Das Reiskorn ist dann bereits voll entwickelt und benötigt kein Wasser mehr. Das Abtrocknen des Reisfeldes erleichtert auch die anschließende Ernte, die wieder weitgehend Sache der Männer ist. Meist mit Sicheln, gelegentlich aber auch mit einfachen Mähdreschern, wird der Reis geerntet und an Ort und Stelle gedroschen. Die abgeernteten Reisfelder werden meist von den Wasserbüffeln beweidet oder aber abgebrannt, was beides die rasche Mineralisierung des Reisstrohs für die nächste Einsaat bewirkt.

Reisfelder sind, solange sie geflutet sind, Lebensraum für zahlreiche Fischarten und andere Kleintiere. Durch die Anwendung von Pestiziden geht allerdings die biologische Vielfalt in den Reisbaugebieten deutlich zurück.

Reis benötigt zum Wachstum nicht nur viel Wasser, sondern auch eine starke mittlere Sonneneinstrahlung. Daher sind die ganzjährig feuchten Tropen weniger für seinen Anbau geeignet als die jahreszeitlich trockeneren Regionen, welche durch das Monsunklima in Indien weit überwiegen. In diesen Gebieten muss allerdings die Wasserzufuhr besonders gut organisiert werden.

Teeanbau in Indien – eine lange Tradition

Der weltweite Teehandel ist in seinen Anfängen im 19. Jahrhundert zunächst nicht mit Indien, sondern mit der Kolonialgeschichte Chinas verknüpft. Der in den südchinesischen subtropischen Feuchtwäldern beheimatete Strauch *Thea sinensis* (heute auch: *Camellia sinensis*) lieferte den Grünen Tee, womit eine bestimmte Art der Aufbereitung gemeint ist. Dieser war in China und angrenzenden Ländern (Japan, Korea, Vietnam) als Genussmittel weit verbreitet, er breitete sich aber bereits im 18. Jahrhundert auch auf die bürgerlichen Schichten in England aus. Neben Porzellan war Tee das Hauptausfuhrprodukt Chinas im späten 18. und im 19. Jahrhundert. Die Handelsbilanz mit England konnte aber nur ausgeglichen werden, wenn China sich auch für Importe aus England öffnen würde. Dafür kamen britische Industrieprodukte, aber auch Opiumimporte aus Nordostindien in Frage. Letztere hatten für die britischen Händler den Vorteil, dass ein hoher Gewinn winkte und gleichzeitig durch die Suchtabhängigkeit ein besonders stabiler Abnehmermarkt geschaffen werden konnte. Dass China sich gegenüber den Opiumimporten verweigerte, führte schließlich zum Opiumkrieg der Briten gegen das kaiserliche China.

Ende des 19. Jahrhunderts wurde aber in den Bergwäldern des inzwischen britischen Nordostindiens (Assam) eine weitere Teeart gefunden: *Camellia assamica*. Diese wurde von den Briten nicht als grüner Tee, sondern als schwarzer Tee aufbereitet. *Camellia assamica* als schwarzer Tee bestimmt heute weitgehend den Tee-Weltmarkt.

Obwohl Indien als Kronjuwel des britischen Empires galt, taten sich die Briten anfangs schwer, das Land als Rohstoffbasis in Wert zu setzen. Zu dicht war die Besiedelung, zu stark genutzt das vorhandene Land, um Plantagen in großem Stil anzulegen, wie dies bei den britischen Besitzungen auf Ceylon (heute: Sri Lanka) und in Malaysia der Fall war. Der Teestrauch ist von Natur aus auf ein zumindest jahreszeitlich kühles Klima der randtropisch-subtropischen Höhenregionen eingestellt. Dort aber lagen die letzten großen ökonomisch bislang noch wenig berührten Waldgebiete Indiens. Diese waren in der ersten Hälfte des 19. Jahrhunderts für den Kaffeeanbau erst teil-

Siedlungsensemble im Teeanbaugebiet: In der Mitte die Kirche (viele kastenlose Teepflücker sind missioniert), oben in erhabener Position der weiß gestrichene Managerbungalow, im Vordergrund rechts die bescheidenen Behausungen der Arbeiter. Im Vordergrund erkennt man die kugelig rund geschnittenen Teebüsche.

weise gerodet worden. Der Kaffeeanbau in fast ganz Asien fiel aber um die Mitte des 19. Jahrhunderts einer Pilzkrankheit, dem Kaffeerost, zum Opfer. Tee war auf diesen Flächen eine ideale Nachfolgekultur. Darüber hinaus ist der Tee im Vergleich zum Kaffeestrauch auch weniger kälteempfindlich und erträgt sogar leichte Nachtfröste. Man kann mit der Rodung des Bergwaldes und der wirtschaftlichen Erschließung weiter in die Höhe vordringen. Der an der klimatischen Anbaugrenze des Teestrauches gewonnene Tee ist sogar der hochwertigere und aromatischere.

Umfangreiche Rodungsmaßnahmen für den Teeanbau fanden vor allem in zwei Regionen Indiens statt. Zum einen im Nordosten (Assam), wo der östliche Himalaja und das vorgelagerte Khasigebirge erschlossen wurden. In Südindien wurden zum anderen die südlichen Westghats, vor allem aber das Nilgirigebirge, zu einem Schwerpunkt des Teeanbaus. Der Entfernung zur Äquatorialregion entsprechend reicht der Teeanbau im südindischen Nilgirigebirge bis etwa 2000 m, im nord(ost)indischen Assam nur bis etwa 1500 m.

Nachdem China in den vergangenen Jahrzehnten seinen Anbau stark auf den „indischen Tee" *Camellia assamica* und auf die Produktion von schwarzem Tee umgestellt hatte, konnte es, wie schon im 19. Jahrhundert, wieder an die Spitze der Weltteeproduzenten vorrücken. In der Höhe der Teeproduktion liegen China und Indien aber in der gleichen Größenordnung (siehe Tabelle). Beide Staaten haben auch die Gemeinsamkeit, dass sie neben dem Export, vor allem nach Großbritannien, eine große Binnennachfrage abdecken. Sowohl in Indien als auch in China gehen dabei vor allem die geringeren Qualitäten an den Binnenmarkt.

Teepflückerin.

Tee – Bedeutung und Verwendung

Die frischen Teeblätter werden nach der Ernte im Luftstrom zum Welken gebracht, wobei der Wassergehalt von ca. 75 % auf 60 % reduziert wird. Die Zellstruktur der gewelkten und weich gewordenen Blätter wird (durch den mechanischen Prozess des „Rollens") zerstört und der Saft zum Teil herausgepresst. Dieser Vorgang setzt Enzymreaktionen in Gang, die sich im anschließenden Fermentationsprozess in Gärkammern bei 30 – 40 °C vollziehen und 3 – 4 Stunden ablaufen.

Die rotbraune bis schwarze Farbe und die Aromabildung kommen durch Oxidation der Catechine zustande. Der Fermentationsvorgang wird durch schnelles Trocknen mit heißer Luft gestoppt, wobei das spezifische Teearoma und die Farbe fixiert werden. Der Tee wird dann gesiebt, sortiert und verpackt.

[…]

Die im Handel befindlichen Teesorten werden entsprechend ihrer Anteile an besonders wertvollen Knospen und jüngsten Blättern bezeichnet. Pekoe (Pekko = Silberhaar) ist die Bezeichnung für verschiedene Sorten. An der Spitze steht (Flowery) Orange Pekoe. Dieser Tee wird aus den Knospen und den beiden jüngsten Blättern mit gelbweißen Spitzen, daher die Bezeichnung Orange, nicht identisch mit der Zitrusfrucht, verarbeitet. Dann folgen die qualitätsminderen Sorten: Pekoe aus den dritten Blättern; Pekoe Souchong aus den 4. – 6. Blättern, Broken (gebrochene oder geschnittene Blätter), Fannings (Blattbruch und Flaum ohne Stengel, meist für Aufgussbeutel geeignet), Dust (Teestaub) und Ziegeltee, aus mit Bindemitteln gepresstem Teestaub.

Aus: Westermann, Diercke Weltwirtschaftsatlas 1, S. 171: *Rohstoffe, Agrarprodukte*. Braunschweig 1981

Die bedeutendsten Teeproduzenten (2008)

Weltrangliste	Staat	in tausend Tonnen
1.	VR China	1160
2.	Indien	980
3.	Kenia	345
4.	Sri Lanka	317
5.	Türkei	155
6.	Indonesien	148
7.	Vietnam	144
8.	Japan	93
9.	Argentinien	72
10.	Bangladesh	58

Quelle www.globalteabrokers.com

Teeanbaugebiete Indiens.

10 Straßenkinder – Indiens ungelöstes Problem

„Während Sie diesen Film gesehen haben, wurden hier elf Kinder ausgesetzt“ – so heißt es im Abspann des indischen Films *Thanks Maa* von Irfan Khamal. Dieser spielt in Mumbai (Bombay) und erzählt vom Schicksal des Straßenjungen „Municipality“, der einst selbst ausgesetzt worden war. Nun findet er ein in gleicher Weise verlassenes Baby. Mit der Hilfe von drei Freunden versucht er, dessen Mutter ausfindig zu machen. Eine der Besonderheiten dieses Filmes ist, dass die Hauptfigur „Municipality“ tatsächlich von einem Straßenjungen aus Mumbai verkörpert wird.

Wie in diesem Film sind Straßenkinder in Indien in allererster Linie ein Stadtphänomen. Allein in Mumbai, wo *Thanks Maa* spielt, kommen täglich Hunderte von Kindern aus unterschiedlichen Teilen des Landes an. Nach Angaben der Hilfsorganisation Terre des hommes übernachten in den Anlaufstellen der Metropole jede Nacht zwischen 125 und 150 Kinder ab dem Alter von sechs Jahren, die an den Bahnhöfen Mumbais von den Projektmitarbeitern angesprochen werden.

Nach Schätzungen indischer Partner dieser Organisation leben etwa jeweils 10 000 Kinder ohne Familie und Obdach in den großen Metropolen Mumbai, Delhi, Kolkata (Kalkutta), Bangalore und Chennai (Madras). Hinzu kommen nach diesen Schätzungen 50 000 weitere obdachlose Straßenkinder in kleineren Städten des Subkontinents.

Das UN-Kinderhilfswerk UNICEF und die indische Regierung sprechen offiziell von etwa 19 Millionen Kindern unter 14 Jahren, die in Indien auf

◄ Straßenkinder findet man vor allem in den großen Städten an frequentierten öffentlichen Plätzen, wo sie meistens von Betteln leben.

Obdachlose Familie unter einer Straßenbrücke in Mumbai.

den Straßen leben und arbeiten. Von diesen leben jedoch viele nicht alleine, sondern gemeinsam mit ihren Familien obdachlos in den Städten.

Alle diese Zahlen sind Schätzungen, denn viele Straßenkinder besitzen keine Geburtsurkunde, werden von den staatlichen Institutionen wie Schulen oder Fürsorgeeinrichtungen in der Regel nicht erfasst.

Wie die bisherigen Ausführungen verdeutlichen, ist der Begriff „Straßenkind" zudem nicht ganz eindeutig. Drei Gruppen werden üblicherweise unterschieden:

1. Obdachlose Kinder und Jugendliche, die gänzlich alleine und zumeist ohne Kontakt zu ihrer Herkunftsfamilie auf der Straße leben. UNICEF bezeichnet diese Kinder weltweit als *niños de la calle* („Straßenkinder" im engeren Sinne).
2. Kinder und Jugendliche, deren Lebensmittelpunkt die Straße ist, die also den größten Teil des Tages dort verbringen, z. B. um Geld zu verdienen. Abends kehren diese Straßenkinder zu ihren Familien oder Verwandten zurück, die zumeist in einem der Elendsviertel der Großstädte leben.
3. Kinder und Jugendliche, die gemeinsam mit ihren ebenfalls obdachlosen Eltern und Geschwistern auf der Straße leben. Alleine in Mumbai leben etwa 700 000 dieser „Pavement Dweller", darunter viele Kinder.

Bei der zweiten und dritten Gruppe spricht UNICEF von *niños en la calle* („Kinder auf der Straße"), da diese im Gegensatz zur ersten Gruppe in ihrer Familie leben.

Eines der vielen Kinder, die mit ihren Eltern auf der Straße leben.

Diese Kategorisierung vereinfacht die Realität jedoch stark, denn die Übergänge sind oft fließend. Viele Straßenkinder verbringen beispielsweise den Tag auf der Straße, um dort Geld zu verdienen, übernachten jedoch zunächst noch öfter oder zumindest sporadisch bei ihren Eltern. Gerade in den beengten Verhältnissen informeller Siedlungen und bei großer Armut kommt es häufig zu häuslicher Gewalt. Wird das Zusammenleben der Kinder mit ihren Familien unerträglich, kehren sie immer seltener und zuletzt gar nicht mehr nach Hause zurück. Schließlich versuchen sie sich gänzlich alleine auf der Straße durchzuschlagen.

Obwohl es sich beim größten Teil der Straßenkinder um Jugendliche handelt, die älter als 14 Jahre sind, gibt es in den indischen Städten unzählige Kinder, die schon sehr früh alleine oder in Banden und Cliquen auf der Straße überleben. Sozialarbeiter in Mumbai berichten von echten Straßenkindern, die ihre Eltern aus eigenem Entschluss verlassen haben und noch nicht einmal fünf Jahre alt sind.

Die große Mehrzahl der auf der Straße lebenden Kinder und Jugendlichen sind Jungen. Mädchen leben seltener auf der Straße. Sie verlassen fast nie ihr Zuhause, um Geld zu verdienen – das ist entsprechend des besonders auf dem Land noch weithin traditionellen Rollenverständnisses reine Jungen- und Männersache. Für Mädchen ist es zudem gefährlicher, sich alleine auf der Straße zu behaupten. Deshalb gehen Familientöchter,

Umgang mit Straßenkindern in Indien

Der Umgang mit Straßenkindern in Indien ist ambivalent. Kinder sind zwar hoch geschätzt. Aber das Bild von Straßenkindern, die in den Metropolen des Landes im Elend hausen, gehört seit vielen Jahrzehnten zum Alltag und scheint kaum jemanden zu wundern. Straßenkinder sind da und werden doch nicht wirklich gesehen und wahrgenommen. Viele begegnen ihnen mit Abwehr und Verachtung. Manche unterstützen sie mit kleinen Geldspenden. Religiöse Vorstellungen von Karma, Dharma und Moksha im Hinduismus sind geeignet, eine gewisse Gleichgültigkeit zu bestärken. Viele Hindus scheinen kein Mitleid zu empfinden und sehen sich gegenüber Straßenkindern nicht zu tatkräftigem Handeln genötigt. Das Dasein dieser Kinder erscheint ihnen als Folge eines schlechten Karmas. Kinder sind demnach selbst daran schuld, dass sie unter so widrigen Umständen leiden. Wer dennoch Mitleid empfindet und sich zu einer kleinen Unterstützung entschließt, kann damit sein eigenes Karma stärken oder verbessern. Für fromme Hindus dürfte beim Umgang mit Straßenbewohnern auch die Kasten- bzw. Jalitzugehörigkeit eine Rolle spielen. Obgleich religiöse Traditionen und Prägungen ausschlaggebend sind, sind eindeutige und allgemein gültige Aussagen auf diesem Gebiet nur schwer zu treffen.

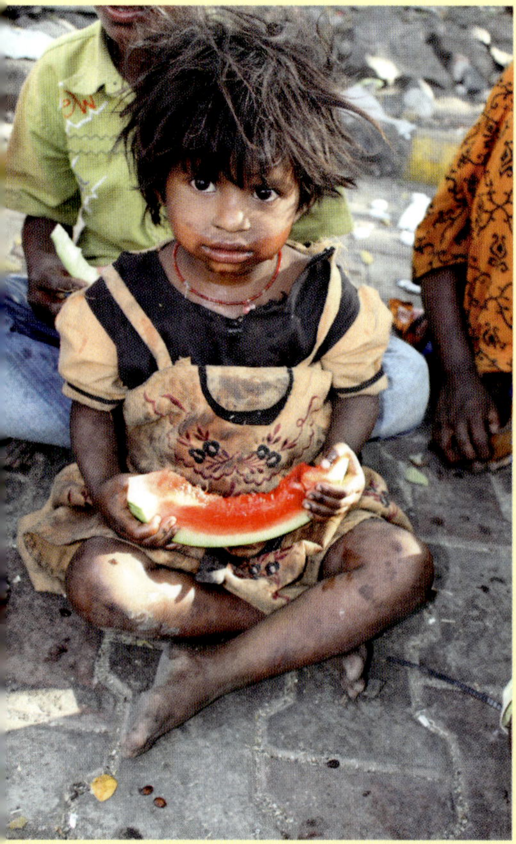

Aus: Thomas Müller, Straßenkinder in Indien, in: Don Bosco, Jugend Dritte Welt, *Patio* 13, 2010 [Hg.]: Straßenkinderreport. Zur Lage der Kinder in der Welt. Online: http://www.strassenkinderreport.de/ [09.08.2010].

Eine Bank für Kinder

Seit April 2001 gibt es [in Delhi] die *Children's Development Bank*, die Entwicklungsbank für Kinder. Sie ermöglicht arbeitenden Kindern und Jugendlichen, ihr mühsam verdientes Geld anzulegen und zu sparen. „Das Leben auf der Straße ist sehr unsicher", weiß Sozialarbeiter Suraj Prakash, zuständig für die Bank, die es inzwischen auch in anderen Teilen Indiens sowie im benachbarten Ausland gibt. Oftmals würden die Kinder von Erwachsenen bedroht und bestohlen. Selbst die Polizei nehme ihnen bei Razzien zuerst das Geld ab.

Im Night Shelter von Nizamuddin hat die Bank ihren festen Platz. In einem dicken Register sind die Namen aller Mitglieder – offiziell gehört die Bank den Kindern – sowie der Kontostand und alle Ein- und Auszahlungen vermerkt. Zudem hat jeder Junge ein eigenes Sparbuch, das die gleichen Informationen enthält. „Wir bieten ein Giro- und ein Sparkonto mit jeweils 3,5 Prozent Zinsen an", informiert Suraj. „Auf dem Sparkonto bleiben alle Eingänge für ein halbes oder ein ganzes Jahr unangetastet. Auf das Girokonto kann täglich zugegriffen werden – genau wie bei einer Großbank." In Einzelfällen werden sogar Kredite gewährt, über deren Vergabe ein eigens eingerichtetes Komitee entscheidet.

Gaffar [ein 14jähriger Junge, der vor einem Jahr vom Dorf in die Großstadt kam] ist ein fleißiger Sparer. Jeden Tag zahlt er einen kleinen Betrag auf sein Konto ein – meist 10, manchmal 20 Rupien. „Mit einem Teil des Geldes unterstütze ich meine Familie, der andere Teil ist für meine Zukunft." Auch Hassan [ebenfalls ein Straßenkind] würde gern etwas zurücklegen, wissen die Sozialarbeiter. Doch seine Mutter [die in einem Elendsquartier der Stadt lebt] übe noch immer großen Einfluss auf ihn aus, so dass er ihr regelmäßig fast seinen ganzen Lohn überlasse.

Aus: Stefan Mentschel: Hassan und die anderen. Das Leben von Straßenkindern in Delhi. In: Fluter.de vom 31.07.2007. Online: http://www.bpb.de/themen/GKKG0H,0,0,Hassan_und_die_anderen.html.

die von zuhause weglaufen und in einer der Großstädte ankommen, meist sehr schnell Dienstverhältnisse ein, beispielsweise als Hausmädchen. Nicht selten handelt es sich dabei um ausbeuterische und gewaltvolle Lebenssituationen, in denen die vollkommen ungeschützten Mädchen dann ihr Dasein fristen.

Ihr zum Überleben notwendiges Geld verdienen Straßenkinder oft in den Stadtzentren oder an den großen Bahnhöfen mit legalen und illegalen Tätigkeiten. Sie üben einfache informelle Dienstleistungen aus – etwa als Straßenverkäufer, Koffer- und Lastenträger, Teeverkäufer, Müllsammler oder Schuhputzer.

Die Kinder von Bombay

Der Roman *Die Kinder von Bombay* der indischen Autorin und Journalistin Meher Pestonji behandelt – ähnlich wie der eingangs erwähnte Film *Thanks Maa* – das Schicksal eines Straßenjungen. Der zehnjährige Rahul schlägt sich als Gelegenheitsdieb und Müllsammler in Bombay durch und gerät zunehmend in den Sog von Drogen und Prostitution. Hier ein Ausschnitt aus dem Roman:

„Das Zeitungsbündel bewegte sich, da war er sich ganz sicher. Kein leises Flattern im Wind. Kein Rascheln von Papier, das sich in verschiedene Formen wellt. Eine andere Art von Bewegung, die von innen kam.

Rahul hatte das rechteckige Bündel nun schon eine ganze Weile beobachtet. Es lag am verlassenen Ende des Bahnsteigs auf einer Bank, während er auf einer anderen saß und an einer Mango lutschte. Er hatte seinen Fund im Auge behalten und abgewartet, ob ihn jemand für sich beanspruchen würde. Erst wollte er seine Mango aufessen, bevor er mit dem Bündel wegliefe.

Rahul konnte schnell laufen, schneller als jeder andere Junge am Bahnhof. Und so hatte er auch die Mango erbeutet. Er war damit von Karim-Bhais Stand losgerannt, während der mit einem Kunden zu tun hatte. Karim-Bhai hatte zwar noch hinter ihm hergerufen, aber er feilschte gerade um einen ganzen Korb Mangos und konnte seinen Kunden nicht einfach stehen lassen, schon gar nicht wegen einer einzigen Frucht. Rahul würde seine Abreibung später kriegen, aber daran war er gewöhnt. Wenn er sich dann eine originelle Geschichte über das harte Leben im Dorf ausdachte, würde Karim-Bhai dahinschmelzen. Und wenn das Geschäft heute gut lief, bekam er vielleicht sogar noch eine Mango extra.

Das Leben auf der Straße hat zur Folge, dass Straßenkinder in aller Regel Gewalterfahrungen machen und Drogen, Kriminalität und der Willkür von Erwachsenen ausgesetzt sind. Um sich zu schützen, leben viele von ihnen in Cliquen, in denen sie sich gegenseitig unterstützen. Oft wählen sie aber auch den Weg in eine der kriminellen Banden und verdienen ihr Geld dann beispielsweise als Taschendiebe. Aber auch die Banden sind häufig durch Gewalt und streng hierarchische Strukturen geprägt, sodass sich für die Kinder und Jugendlichen hier die zuhause erlebten Muster der Gewalt häufig wiederholen.

Nur die wenigsten Straßenkinder sind Waisen. Vielmehr haben die meisten von ihnen ihre Familien und ihre Heimat ganz bewusst und aus eigenem Entschluss verlassen. Es versteht sich fast von selbst, dass es hierbei nicht *den* einen Grund gibt, warum Kinder keine Alternativen mehr sehen, von zuhause wegzulaufen und auf der Straße zu leben. Vielmehr sind die Gründe sehr individuell und regional verschieden. *Ein* Auslöser dafür, die eigene Fa-

Nicht alle Bahnhofsverkäufer waren so nett. Hamid hatte ihn verdroschen, als ihm aufgefallen war, dass Rahul ein Hemd trug, was er an seinem Stand vermisste. Und Heera-Bai hatte ihn mit siedendem Öl bespritzt, als er eine Handvoll frisch frittierter vadas von ihrer Auslage stahl und damit wegrannte. [...] Hin und wieder räumten seine flinken Finger eine Tasche aus. Und manchmal knackte er dabei den Jackpot. Einmal hatte er in einer Brieftasche fünfzehn Fünfhundertrupienscheine gefunden. [...]

Geld war in dem Bündel bestimmt nicht drin. Da war sich Rahul ganz sicher. Vielleicht etwas zum Anziehen oder etwas, was er verkaufen könnte. Und wenn es eine Decke wäre? Mit der er sich komplett zudecken konnte, die Wärme spendete, ihn vor Moskitos schützte und vom Neonlicht abschirmte? [...] War vielleicht doch etwas zu essen drin? [...]

Noch immer kein Eigentümer. Aber wieder ein deutlicher Ruck. Sind bestimmt die Ratten, die sich durch verdorbenes Essen fressen, dachte er mit nachlassendem Interesse. Aus Neugierde schlug er das Papier beiseite, zuckte zurück und riss den Mund weit auf: Entsetzen zeigte sich auf seinem Gesicht. Für ein paar Sekunden stand er da wie gelähmt, den Blick auf das Bündel geheftet. Dann machte er ein paar Schritte rückwärts, drehte sich um und lief los. Obwohl niemand hinter ihm her war, lief er schneller als jemals zuvor".

Das, was Rahul da auf der Straße gefunden hat, eingewickelt in ein Zeitungsbündel, ist ein ausgesetztes Baby. Rahul kehrt nach seinen ersten Fluchtimpulsen zurück zu seinem Fund und möchte für dieses hilflose Wesen Verantwortung übernehmen ...

Aus: Meher Pestonji, in: *Die Kinder von Bombay.* Frankfurt 2010, S. 5-7; englischsprachige Ausgabe 2005 unter dem Titel *Sadak Chaap* erschienen.

milie zu verlassen, ist jedoch, wie bereits angedeutet, fast immer gegeben: die Erfahrung häuslicher Gewalt. Insbesondere bei Mädchen kommt in einigen Fällen innerfamiliärer sexueller Missbrauch hinzu.

Hierin liegt auch der Schlüssel zur Erklärung eines auf den ersten Blick erstaunlichen Phänomens: Die allermeisten Straßenkinder streben keineswegs eine Rückkehr nach Hause an. Sie ziehen das Leben auf der Straße bewusst vor und nehmen Angebote von Sozialarbeitern, die Hilfe bei einem Neuanfang zuhause leisten möchten, in der Regel nicht an. Versuche, wieder gemeinsam mit der Familie zu leben, sind in den meisten Fällen nicht erfolgreich, und die meisten Kinder und Jugendlichen kehren zurück in die großen Städte – und damit auf die Straße.

Bei Kindern und Jugendlichen, die vom Land in die Stadt gehen, lassen sich häufig die klassischen „Push- und Pullfaktoren" als Migrationsgründe bei dieser Land-Stadt-Wanderung finden. Nach Lee (1972) sind die

In einer Schule für Straßenkinder.

„Pushfaktoren" die Beweggründe, die Menschen aus ihrem ursprünglichen Gebiet „wegdrücken" (*to push* – drücken). Hier ist der wichtigste Grund neben der innerfamiliären Gewalt die Armut, die in vielen ländlichen Teilen Indiens vorherrscht. Die „Pullfaktoren" beziehen sich indessen auf die Anziehungskräfte des Zielgebiets der Wanderung (*to pull* – ziehen). Diesbezüglich ist die Hoffnung auf Arbeit grundsätzlich einer der wichtigsten Auslöser dafür, die eigene Familie zu verlassen – jedoch nicht der einzige:

Die Vorstellung von den großen indischen Städten ist gerade bei der Dorfbevölkerung sehr stark durch das Fernsehen und die dort gezeigten Kinofilme geprägt – und damit oft mehr als unrealistisch. Straßenkinder in Mumbai berichten in großer Zahl davon, sie haben sich die Stadt vor dem Verlassen ihrer Familie genauso vorgestellt, wie sie es aus den Bollywood-Filmen kannten. Diese spielen häufig vor der attraktiv anmutenden Kulisse der Stadt, etwa am romantisch verklärten Chowpatty Beach. Angekommen in der Megacity, werden die Kinder von der Realität eingeholt. Es kommt zur absoluten Ernüchterung und Desillusionierung.

Viele Straßenkinder in Indien nutzen das Angebot sogenannter „Shelter" von Hilfsorganisationen. Dies sind Anlaufstellen, in denen sie essen, ihre Kleidung waschen und sich ausruhen können. Die Shelter befinden sich meist dort, wo auch die Straßenkinder leben und arbeiten: in den Innenstädten, insbesondere an Bahnhöfen. Diese Einrichtungen sind oft aus internationalen Spendengeldern organisiert und halten auch schulische Angebote vor. Die Angebote der Shelter sind in der Regel kostenlos. Lediglich für die warmen Mahlzeiten müssen die Kinder und Jugendlichen eine kleine Summe bezahlen; begründet wird dies mit dem Ziel, sie zu einem verantwortungsvollen Umgang mit dem verdienten Geld zu führen.

Beim Besuch eines Shelters an einem Bombayer Bahnhof erlebten die Verfasser dieses Buches ein ganz unterschiedliches Verhalten der Kinder und Jugendlichen. Einige jüngere Kinder waren sehr fröhlich, aufgeweckt und kontaktfreudig. Das Aufsuchen des Shelters war für sie selbstverständlich, auch das Interesse von ausländischen Besuchern. Sie wuschen ihre T-Shirts an der Wasserstelle aus, unterhielten sich untereinander und mit den ihnen sehr vertrauten Sozialarbeitern und machten Späße mit den Besuchern. Einige Jugendliche hingegen waren erschreckend apathisch. Im Halbschlaf lagen sie auf dem blanken Steinboden, starrten ins Leere oder schoben die für kleinere Kinder gedachten Bauklötze hin und her. Insgesamt herrschte ein reges Kommen und Gehen.

In *night shelters* (Nachtunterkünften) können Straßenkinder auch die Nacht verbringen.

Einige Hilfsorganisationen betreiben darüber hinaus regelrechte Straßenkinderschulen. Dort können die Kinder lesen, schreiben und rechnen lernen. Jugendliche werden beim Besuch einer öffentlichen Schule unterstützt. Die meisten dieser Schüler sind dann nicht mehr obdachlos, sondern leben gänzlich in der jeweiligen Einrichtung. Sie schlafen in der Regel auf einfachen Matten, die sie abends in den Räumlichkeiten der Schule ausrollen. Das Essen wird gemeinsam zubereitet und eingenommen.

HOW MANY HANDS DO I HAVE ?

Name - Smarita Patnaik

Smarita
School

11 Witwenverbrennung und Karriere: Wie leben Frauen in Indien?

Lieber Söhne als Töchter?

Die meisten Gesellschaften weltweit weisen einen deutlichen Frauenüberschuss auf. Dieser ist im Wesentlichen auf die höhere Lebenserwartung von Frauen zurückzuführen, die wohl vorwiegend aus biologischen Gründen im Allgemeinen etwa zehn Prozent über derjenigen der Männer liegt. An den Geburten liegt es jedenfalls nicht, weil da regelmäßig ein Männerüberschuss vorliegt, der in historischer wie regionaler Differenzierung erstaunlich variabel ist und im Allgemeinen mehrere Prozentpunkte beträgt.

In Indien dagegen herrscht Frauenmangel. Dieser ist fast ausschließlich in den nördlichen Staaten ausgeprägt, wo er bis rund 20 Prozent beträgt. In den südindischen Bundesstaaten ist das Geschlechterverhältnis dagegen nahezu ausgeglichen, in Kerala besteht sogar ein leichter Frauenüberschuss. – Wie sind diese Unterschiede zu erklären?

Im Allgemeinen ist die Rollenzuschreibung an die Geschlechter in Nordindien wesentlich rigider, die Einstellungen und Verhaltensweisen sind kon-

◂ Mit dieser Karikatur wirbt eine indische Hilfsorganisation für eine Besserstellung der Frauen in der indischen Gesellschaft. Während Frauen der sozialen Oberschicht viele Führungspositionen in Politik, Wirtschaft und Verwaltung „erobert“ haben, ist das Leben der Frauen auf dem Land und in unteren sozialen Schichten oft immer noch von pausenloser Arbeit und faktischer Rechtlosigkeit bestimmt.

servativer. Bei der Eheschließung wird von der Familie der Braut in der Regel eine sehr hohe Mitgift erwartet. Zudem muss die Familie der Braut auch die sehr aufwendige Hochzeit mit oft hunderten Gästen ausrichten. Eine Familie mit mehr als zwei Töchtern ist damit oft finanziell hoffnungslos überfordert. Aus diesem Grund gehen wohl viele zukünftige Eltern – eine genaue Statistik gibt es dafür nicht – den Weg einer vorgeburtlichen Geschlechtsbestimmung über das Fruchtwasser, die heute auch in Indien für wenig Geld zu haben ist. Weibliche Föten werden dann oftmals abgetrieben. Auf diese Weise kommen weitaus weniger Mädchen als Jungen zur Welt. Die Praxis der Abtreibung aufgrund des Geschlechts ist zwar in Indien gesetzlich verboten, dies kann aber leicht umgangen werden. Ein anderer sozialer Mechanismus jedoch könnte wesentlich wirksamer werden. Schon heute suchen Millionen junger indischer Männer vergebens nach einer Frau. Der Frauenmangel hat vielfach schon dazu geführt, dass auf hohe Mitgift vonseiten der Familie des Bräutigams verzichtet wird oder dass die Kosten der Hochzeit unter den Brauteltern aufgeteilt werden. Als Folge des Frauenmangels hat, rein markttechnisch gesehen, das Brautelternpaar die bessere Verhandlungsposition. Und schließlich ist in Indien die Eheanbahnung eine Aushandlungssache. Es ist deshalb nicht ausgeschlossen, dass auf lange Sicht die Diskriminierung von Frauen paradoxerweise deren Stellung in der Gesellschaft aufwerten könnte.

Junge Inderinnen – farbenfroh, elegant, zukunftsorientiert?

Wie kommt es zu einer arrangierten Ehe?

Zunächst sind die heutigen Arrangements [der Eheanbahnung; im Vergleich zur Großelterngeneration] viel offener und flexibler. Zumindest im städtischen Indien wird keinerlei Zwang mehr ausgeübt. Familien entscheiden einvernehmlich, dass es an der Zeit ist, dass die Kinder heiraten. Man kontaktiert gute Freunde und sorgt dafür, dass alle Welt davon erfährt. Es gibt immer jemanden, der jemanden kennt, dessen Sohn beziehungsweise Tochter den Vorgaben entspricht. Sobald die passende Partie entdeckt wurde, wird ein gemeinsamer Bekannter gebeten, für eine informelle Zusammenkunft zu sorgen.

Zu diesem „Treffen zum Tee", das traditionellerweise um fünf Uhr nachmittags stattfindet, werden der junge Mann und die junge Frau häufig von ihren Eltern, Geschwistern oder sogar Cousins begleitet. Die Atmosphäre ist förmlich, aber nicht steif. Der Junge trägt Anzug und Krawatte wie zu einer geschäftlichen Verabredung, das Mädchen einen Sari oder einen Salwarkameez (Tunika und weite Hosen). Beide sind gehalten, sich rege an der unpersönlichen Unterhaltung über Themen wie das Wetter, die Politik, Filme oder Musik zu beteiligen.

Nachdem das Eis gebrochen ist, geleitet der Familienälteste die Anverwandten diskret in einen Garten oder Salon. Die beiden jungen Leute können nun zum ersten Mal unbeaufsichtigt miteinander sprechen. Dieses Tète à tète darf nicht länger als eine halbe Stunde dauern. Dann verabschiedet man sich zügig und unverbindlich. Die vermittelnde Person sichert beiden Parteien zu, dass die Entscheidung binnen zweier Tage übermittelt wird, und beide Parteien halten sich strikt an diese Vorgabe. Sowohl der Mann wie die Frau können ihre Meinung frei äußern.

Ist ihr Interesse geweckt worden, wird sofort ein weiteres Treffen anberaumt – diesmal in einem Restaurant. Es bleibt ihnen freigestellt, bei diesem Treffen auf Begleiter zu verzichten. Diese zweite Begegnung ist entscheidend. Danach erwartet man von dem Pärchen, sich festzulegen. Ja oder nein. Das ist kein Problem, denn in Indien geben wir viel auf Schicksal und Intuition: den Rest überlassen wir Gott. Falls also ja, wird öffentlich der förmliche Verlobungstermin bekannt gegeben, und man beginnt mit den Hochzeitsvorbereitungen. Aber auch ein Nein wird problemlos akzeptiert, und die beiden jungen Leute beginnen erneut mit ihrer Suche nach einem passenden Partner.

Auszug aus einem Artikel von Shobhaa Dé, in: NZZ FOLIO 04/2007. Abdruck mit freundlicher Genehmigung.

(Anmerkung: Die dargestellte Form der Eheanbahnung, wie die Autorin bereits andeutet, gilt eher für städtische Bildungs- und Mittel- bis Oberschichten.)

Frauen im öffentlichen Leben

Wenn man durch indische Städte oder Dörfer geht oder an Veranstaltungen des öffentlichen Lebens teilnimmt, spielen Frauen nur eine geringe Rolle. Sie huschen meist nur vorbei, nehmen im Vergleich zu Männern den öffentlichen Raum bei weitem nicht derartig wahr für Gespräche und Kontakte und sind an vielen Orten überhaupt nicht präsent.

Doch neben dem Leben auf Straßen und Plätzen gibt es auch noch ein (macht-)politisches gesellschaftliches Leben in einer höheren Stufe von Öffentlichkeit. Und es gibt die Privatsphäre in Haus und Familie. Zumindest im politischen öffentlichen Raum ist die Stellung der Frau vergleichbar mit der in Deutschland, ja manchmal auch stärker. Im Sommer 2010 hatten Frauen die wichtigsten politischen Ämter inne: Pratibha Patil war Staatspräsidentin, Meira Kumar „Parlamentspräsidentin" (Speaker oft the Lok Sabha), Mayawati – Kastenlose haben in Indien traditionell keine Nachnamen – Uttar Pradesh-Chefin des wichtigsten Bundesstaates, und Sonia Gandhi Vorsitzende der Kongresspartei. Wie lässt sich diese Differenz erklären, dass Frauen auf der Straße unterdrückt scheinen, aber in der politischen Machtelite fast schon stärker als Männer vertreten sind?

Zum einen muss man festhalten, dass Frauen, die dem indischen Mann auf der Straße begegnen, die Tugendhaftigkeit der Männer mit ihren körperlichen Reizen durchaus auf die Probe stellen, zumal wenn es sich um junge Frauen handelt. Außerdem, und dieser Aspekt scheint weitaus wichtiger, ist auch ihre eigene Tugendhaftigkeit als Folge dieser körperlichen Präsenz gefährdet, damit aber auch ihre Rolle als verlässliche Ehefrau und Mutter.

Frauenarbeit: Winden der Kokosfasern zu Seilen.

Anders dagegen bei der Spitzenpolitikerin. Diese hat zum einen ein höheres Lebensalter erreicht, zum anderen ist eine Spitzenpolitikerin niemals so körperlich präsent wie eine Nachbarin auf der Straße. Frauen in der Politik werden im Vergleich zu Europa viel weniger als Frauen wahrgenommen. Natürlich arbeiten auch die Frauen in der indischen Politik daran, nicht zu sehr als Frauen wahrgenommen zu werden. Dass eine Spitzenpolitikerin, wie vor einiger Zeit in Deutschland geschehen, mit tiefem Dekolleté in die Öffentlichkeit tritt, wäre in Indien undenkbar.

Besser als auf der Straße ist die Stellung der Frau wohl auch in der indischen Familie. Aber nicht der jungen Frau, nicht der Tochter und schon gar nicht der Schwiegertochter, sondern der Familienmutter, vor allem der Mutter des Ehemannes. Auch hier gibt es Parallelen zur indischen Politik. Die Matriarchin hat oft schon ein beachtliches Alter erreicht und wird nicht in erster Linie als Frau wahrgenommen.

Eine junge Frau aus einfachen Schichten, die in die Familie ihres Mannes einheiratet, führt zunächst nach europäischen Maßstäben in punkto Freiheit ein erbärmliches Leben. Sie ist nicht nur ihrem Ehemann und seinen Brüdern, sondern vor allem auch der Schwiegermutter untergeordnet. Sie hat aber, bei aller Unfreiheit und Unterdrückung, immerhin eine Perspektive: Eines Tages, nachdem der Ehemann möglicherweise bereits verstorben ist, wird sie als Chefin einer Familie von mehreren Söhnen, Schwiegertöchtern und Enkelkindern firmieren. Eine vergleichbare soziale Perspektive haben europäische Frauen, die oft vereinsamt und gesellschaftlich unbeachtet ihre letzten Jahre verbringen, zumeist nicht.

Indische Hochzeiten werden meist sehr aufwendig und mit unglaublichem Prunk gefeiert.

Junge Frauen in Indien – zwischen heimlicher Liebe und gesellschaftlichen Konventionen

Muriel Magg hat im Frühjahr 2009 mehrere Wochen an einer Schule im ländlichen Raum von Kerala (Südindien) gearbeitet. Sie hat dabei Freundschaften geschlossen mit jungen Mädchen, die ihr eine Innenperspektive unverheirateter junger Frauen ermöglichen.

Eines der ergreifenden Schicksale war das von Nisha, meiner dort besten, indischen Freundin. Nisha wurde gerade 21 Jahre alt. Dank unterstützender Sponsoren anderer Länder konnte sie eine gute Schulausbildung genießen. Mittlerweile arbeitet sie in einem Büro als Aushilfe und finanziert dadurch Unterkunft, Verpflegung und die hohen Kosten ihrer weiterführenden, universitären Ausbildung.

Zusammen mit ihren Eltern, Großeltern und Geschwistern wuchs Nisha während ihrer Kindheit unter sehr ärmlichen Verhältnissen in einer kleinen Hütte auf.

Noch heute befindet sich diese in einer sehr ländlichen, mit Palmen bewachsenen Region am Rande eines großen Sees und bildet mit den umliegenden, vereinzelten Hütten in der Nachbarschaft ein kleines Dorf.

Während ihren Erzählungen beichtete mir Nisha ihre bereits langjährige Beziehung zu einem jungen Mann, der aus demselben kleinen Dorf stammte und dort gemeinsam mit ihr aufwuchs. Als Kinder lernten sie sich kennen, ihr Kontakt wurde jedoch durch Nishas jährlich zehnmonatiges Leben im Internat unterbrochen und so sahen sie sich nur in den zweimonatigen Ferien, in denen sie nach Hause in ihr Dorf ging.

Das besondere an ihrem Kontakt zu dem Mann war, dass er heimlich stattfand.

Im Alter von etwa 17 Jahren begannen sich die beiden heimlich in ihrem Dorf zu treffen, und bald wurde das Handy zu dem wichtigsten Medium für die Aufrechterhaltung des Kontaktes und der gesamten Beziehung.

Jeden Abend, und besonders jede Nacht, die ich mit Nisha zusammen verbrachte, empfing sie unzählige Mitteilungen und Anrufe auf ihr Handy. Aufgrund meiner Verwunderung und meiner Fragen über die nächtlichen Telefonate begann Nisha mir mit strahlenden Augen von ihrem heimlichen „Boyfriend" zu erzählen.

Voraussetzung aber für eine derartige positive Stellung im Alter ist, dass die junge Frau sozusagen ihre „Hausaufgaben" verrichtet: Der Schwiegermutter und dem Ehemann zu Diensten zu sein, Kinder, vor allem Söhne, in die Welt zu setzen und ihre Aufgaben im häuslichen Bereich zu erfüllen.

Ein Bild von ihm, das sie mir hätte zeigen können, hatte sie leider noch nie besessen.

Seit mehreren Jahren führte Nisha jetzt schon eine Beziehung zu diesem Mann, den sie niemals in der Öffentlichkeit treffen konnte. Zusammen gesehen zu werden, sei zu gefährlich, so Nisha. Aus dieser Angst konnten sich die beiden weder in ihrem Dorf noch in der großen Metropole Trivandrum treffen. Und so stellte das Handy die einzige Möglichkeit dar, um sich zu schreiben, voneinander zu hören und um sich ihre gegenseitige Liebe zu gestehen.

Da es zu gefährlich gewesen wäre, mehr Menschen von dieser eigentlich verbotenen Beziehung wissen zu lassen, wussten nur ihre Mutter und eine gute Freundin von ihrem Freund.

Der Grund für diese Geheimhaltung ihrer Liebesbeziehung waren die Unterschiede der Kastenzugehörigkeit. Nisha wurde in die sehr niedrige Kaste ihrer Familie hineingeboren. Somit war sie auch für einen Mann der gleichen Kaste bestimmt.

Ihr Liebespartner stammte jedoch aus einer höheren Kaste. Gerade provinzielle Familien wie die ihre haften sehr an Tradition und Vorgabe der indischen Kultur. Daher auch hatte die Mutter seiner Familie noch nie ein einziges Wort mit ihr gesprochen, trotz der engen Nachbarschaft. Und aus demselben Grund hätte seine Familie auch niemals eine voreheliche Beziehung, geschweige denn die Heirat einer Frau aus einer minderwertigen Kaste dulden können.

Nisha sah sich so ihrem Schicksal ausgeliefert, träumte nächtlich von ihrem Freund und drückte mir gegenüber deutlich ihre Verzweiflung und Hoffnungslosigkeit aus.

Sie war sich im Klaren darüber, dass ihre Mutter gezwungen war, sie sehr bald mit einem geeigneten Mann zu verheiraten. Bis dahin aber konnte sie noch von ihrer starken Liebe auf Distanz schwärmen, träumen und ihre nahezu rein in ihrer Vorstellung lebende Beziehung weiterführen.

Nisha, die ihre jetzige Beziehung nicht in der Alltagsrealität, sondern hauptsächlich in der Fantasie führt, idealisiert ihren Traumpartner sicherlich sehr stark. Das jetzige Bild, das sie von einer Partnerschaft mit einem Mann bekommen hat, wird der zukünftigen Realität mit ihrem Ehepartner wahrscheinlich sehr widersprechen.

Besonders durch all die angedeuteten Erzählungen von Nisha erkannte ich, dass die Wünsche, Träume und Vorstellungen vieler junger Inderinnen und Inder oft sehr von der Realität und ihrem Schicksal abweichen.

Gestärkt wird die Rolle der Frau in Großfamilie und Nachbarschaft auch durch ein funktionierendes Netzwerk der mündlichen Kommunikation, an welchem Männer nur wenig Anteil haben. Aus diesem Grund sind Frauen mittlerweile auch Hauptansprechpartner bei dörflichen Entwicklungsprojekten.

Wie kleiden sich Inderinnen und Inder?

Die traditionelle indische Kleidung besteht bei Männern wie bei Frauen überwiegend aus einem rockartigen Gewand, das bei Frauen Sari, bei Männern Dhoti genannt wird. Beides besteht im Prinzip aus einer langen Stoffbahn, die bei Männern meist an den Enden zusammengenäht wird. Sari wie Dhoti werden auf unterschiedliche Weise, die vor allem regional bestimmt ist, um die Taille verknotet. Bei den Frauen wird in der Regel auch die Schulter vom Sari bedeckt. Als Oberkleidung dienen Blusen und Hemden, die bei Frauen Choli und bei Männern Kurta genannt werden und meist an der Brust zugeknöpft werden. Daneben ist auch das Salwar Kameez sehr verbreitet. Es besteht aus einem langen Hemd (kameez), das locker über einer Hose (salwar) getragen wird. Dazu gehört bei Frauen noch die Dupatta, ein langer breiter Schal, der über Schulter oder Kopf gelegt wird.

Vor allem in den Städten, in der Mittelschicht und stärker noch bei Männern breiten sich aber auch westliche Kleidungsgewohnheiten immer stärker aus. Dazu gehören Anzug, weißes Hemd und Krawatte als „Business dress", europäische Hosen, wenn auch nur vereinzelt Jeans, in der Freizeit.

Baden im Badeanzug oder gar im Bikini ist bei der heimischen Bevölkerung nach wie vor ausgesprochen unüblich. Am ehesten wird man europäisch-internationale Badesitten im christlich geprägten Goa finden können.

Frauen in Saris und Salwar Kameez.

Witwenverbrennung (*sati*, die Frau, die den richtigen, mutigen Weg wählt) ist in Indien entgegen einem weitläufigen europäischen Vorurteil keineswegs sehr verbreitet und war dies wohl auch nie. Zudem ist Witwenverbrennung schon im Rahmen der britischen Kolonialverwaltung 1829 verboten worden. Witwenverbrennung hat aber wohl einen Hintergrund im symbolisch-ideellen Bereich: nämlich als Symbol weiblicher Gattenliebe.

Die Situation der Frau in Indien ist sicherlich auch von realen Benachteiligungen und Ungleichheiten geprägt, insbesondere bei den niederen Kasten und bei den Kastenlosen. Dies sollte aber den Blick nicht darauf verstellen, dass aus indischer Sicht viele Merkmale der Position von Frauen in Europa durchaus problematisch erscheinen. Nicht einmal zwei Prozent der Vorstandsmitglieder der an der Börse notierten Aktienunternehmen in Deutschland sind Frauen. Hier ist Indien schon weiter fortgeschritten. Andererseits entwertet die im Westen insbesondere in Werbung und Medien verbreitete übersteigerte Ästhetisierung und Erotisierung des Frauenbildes die ältere – und die weniger schöne – Frau in sehr drastischer Weise.

Einseitige Zuweisungen von sozialen Werturteilen – hier gleichberechtigt, dort unterdrückt – verbauen eher den Blick auf eine differenzierte Sicht von Geschlechterpositionen und Geschlechterrollen in den jeweils sehr unterschiedlichen Gesellschaften.

12 Essen – wie die Götter in Indien?

Essen ist in den meisten Kulturen ein zentraler Bestandteil der Alltagskultur und wird nicht wie tendenziell im Arbeitsalltag westlicher Gesellschaften in Form etwa von Kantinenessen oder Fastfood funktionalisiert und an den Rand gedrängt. Dabei breiten sich in Indien westliche Formen der Nahrungsaufnahme durchaus in den großen Städten und in den wachsenden Mittelschichten aus. Aber sie sind noch nicht kennzeichnend für die große Masse der Bevölkerung, die ihren Alltag noch vielfach ganz traditionell organisiert.

Auch heute noch haben hunderte Millionen Inder es nicht leicht, überhaupt eine Mahlzeit zu ergattern. Oft reicht es nur für wenige Handvoll Reis. Wenn bis vor wenigen Jahrzehnten von Reisenden die indische Küche oft als kärglich beschrieben wurde, lag es am offenkundigen Mangelzustand, der weitgehend auch die ländliche Gastronomie geprägt hat. Mit der allmählichen Hebung des Lebensstandards zeigt aber auch hier die indische Küche, was sie alles kann. Natürlich überwiegen bei der Größe und Vielfalt des Landes die regionalen Unterschiede. Aber eine Gemeinsamkeit sei doch herausgestellt: Die indische Küche ist unglaublich vielfältig.

Da Fleisch kein regelmäßiger Bestandteil der indischen Küche ist, müssen sich die Köchinnen und Köche etwas einfallen lassen, um dennoch – oder gerade deshalb – schmackhafte Speisen anzurichten. Um es vorweg zu sagen: Fast niemand, den wir als Autoren persönlich kennen und der viel Zeit in Indien verbracht hat, hat das fehlende Fleisch wirklich vermisst. Die Vielfalt

◀ Scharfe rote Paprika ist ein wichtiger Bestandteil des indischen „Curry“ und wird auf jedem indischen Gewürzmarkt in riesigen Mengen sackweise angeboten.

an Gewürzen, Gemüse und Früchten entschädigt für den Fleischverlust vollständig. Allerdings muss mehr Zeit in die Zubereitung der Nahrung investiert und mehr Finesse an den Tag gelegt werden. Die reichliche Verwendung von Fleisch ist auch der europäischen Bequemlichkeit oder dem Zeitmangel geschuldet. Mit fleischlichen Zutaten bekommt schließlich auch der flüchtige und weniger ambitionierte Koch ein akzeptables Geschmacksniveau zustande. So leicht haben es die indischen Köche nicht.

Wie in den meisten anderen Kulturen ist Kochen in der Familie weitgehend Frauenarbeit. Nicht dass der Gatte nicht auch einmal beim Gemüseschneiden helfen würde, wenn Besuch ins Haus steht und die Damen in der Küche Unterstützung benötigen. Aber gerade die besondere Intensität und Vielfalt der indischen Küche bindet die Frauen buchstäblich ihr halbes Leben an die Küche. Das ist eine gewisse Schattenseite der wirklich erlesenen indischen Kochkunst. Insbesondere erschwert sie den Frauen der sozialen Mittelschichten die Kombination von beruflicher Tätigkeit und Hausarbeit, die für westliche Familien so kennzeichnend geworden ist.

Das „öffentliche Speisen" hat in Indien verschiedene Facetten. Zum einen gibt es eine Vielfalt von Restaurants, die mit Tischen für jeweils fünf bis

Scharfes Würzen

Vor allem in einfachen Restaurants und in Nordindien noch stärker als im Süden wird für Reisende aus dem Westen das scharfe Würzen von Speisen oft zum Problem. Ursache ist zumeist die Schote der indischen Paprika, der sogenannten Chili. Inder sind durch Jahrzehnte lange Gewöhnung zumeist imstande, erstaunlich scharfes Essen zu ertragen. Vermutlich hat aber auch das scharfe Würzen einen vernünftigen Hintergrund: Es werden Krankheitserreger (Bakterien, Wurmparasiten) damit abgetötet.

Heute ist das scharfe Würzen im Rückgang begriffen. Gerade bessere Restaurants legen Wert auf das Geschmacksempfinden der vielen Einzelinhalte der Nahrung, die bei scharfen Gewürzen kaum noch durchdringen. Bei den untersten Schichten der Bevölkerung ist dagegen bei geringwertigen Ausgangsbestandteilen der Nahrung scharfes Würzen durchaus ein Versuch, der Nahrung immerhin noch etwas Geschmack abzugewinnen. Mit zunehmendem Wohlstand und besseren Bestandteilen der Nahrung geht das übermäßige Würzen jedoch auch hier allmählich zurück.

Übrigens: Chilis wie alle Arten der Paprika stammen aus der neuen Welt und sind keineswegs „ur-indisch". Die Inder lernten sie erst nach 1500 durch Kontakt mit den Handel treibenden Portugiesen kennen.

Rezept für Somosa(s)

(für 4 Personen)

Zutaten:

300 g Dinkelmehl
150 g Weizenmehl
300 g Kartoffeln
¼ l Wasser
2 EL Sonnenblumenöl
2 TL Currypulver
eine Prise Chilipulver
eine Prise Muskat (fein gerieben)
2 TL Kurkuma
1 TL Salz
1 l Frittieröl

Weizenmehl, Dinkelmehl, Wasser, Sonnenblumenöl, die Hälfte des Kurkumas und das Salz mehrere Minuten lang zu einem Teig kneten. Die geschälten Kartoffeln in kleine Würfel, den Blumenkohl in kleine Stücke schneiden. Das Frittieröl in einem Topf erhitzen und dann Kartoffel- und Blumenkohlstücke hineingeben. Curry, Chili, Muskat, Salz und das restliche Kurkuma unter leichtem Rühren dazugeben. Etwa 15 Minuten dünsten lassen.

Danach den Teig auf eine Fläche von etwa 30 mal 40 cm ausrollen. Mit dem Messer den ausgerollten Teig in etwa zehn Quadrate zerteilen.

Das inzwischen weitgehend zerkochte Gemüse gleichmäßig auf die Teigquadrate verstreichen.

Danach das Frittieröl erneut erhitzen. Die Teigstücke mit der Füllung zu einem Dreieck falten. Die Dreiecke an den Rändern andrücken. Danach die Dreiecke in das heiße Öl gleiten lassen und dort zwei Minuten frittieren. Danach die Teigtaschen entnehmen, abtropfen lassen und entweder mit Alufolie abdecken oder im Ofen bis zum Verzehr warm halten.

Knusprig braun frittierte Somosas.

sechs Gäste auf Familien oder Männergruppen ausgerichtet sind. Die für westliche Restaurants charakteristischen Zweier-Sitzgruppen fehlen – eine sinnfällige Spiegelung der Tatsache, dass in der indischen Öffentlichkeit Paarbeziehungen keine große Rolle spielen.

Die für Südostasien charakteristischen Garküchen auf den Straßen fehlen in indischen Städten so gut wie völlig. Man bekommt an Straßenständen zwar zubereitetes Obst oder Getränke in Gläsern, aber üblicherweise kein warmes Essen. Essen auf der Straße ist in Indien eher verpönt. Das Essen im Gehen, das im Westen auch in der Business-Schicht recht verbreitet ist, sollte man in Indien besser bleiben lassen. Das geziemt nach indischen Vorstellungen bestenfalls Obdachlosen. Soziale Abgrenzung von den „Menschen der Straße" dürfte auch den eigentlichen Grund für diesen Sittenkodex abgeben, nicht im Freien zu essen.

Ein Obststand in Kolhapur.

Kantinen gibt es nur in großen Betrieben meist westlicher Gesellschaften. Während im Westen das weitgehend vom Arbeitgeber finanzierte oder zumindest bezuschusste Mittagessen eine soziale Errungenschaft des 20. Jahrhunderts darstellt, bringen in Indien die Frauen oder die Kinder den Männern das Mittagessen ins Büro, in die Fabrik oder auf die Baustelle. Im Grunde ist dies eine gigantische Verschwendung menschlicher Zeit und Arbeitskraft. Ein Bewusstsein für den Wert der Zeit hat sich in Indien zumindest im familiären Rahmen noch nicht herausgebildet. Natürlich macht es ein Kantinenessen auch schwer, die unterschiedlichen Kastenregeln in Bezug auf das Essen zu berücksichtigen und vor allem zu garantieren, dass nicht etwa ein Kastenloser bei der Zubereitung mitgewirkt und damit das Essen in kultischem Sinne verunreinigt hat. Weil die Zubereitung der Mahlzeiten über Genuss und Sättigung hinaus auch religiös-kultischen Charakter hat, dulden Brahmanen normalerweise kein familienfremdes Personal in der Küche, während dagegen häusliche Reinigungsarbeiten und Wäschewaschen gerne an Kastenlose delegiert werden.

Weil Arbeitskraft billig ist oder in ihrem ökonomischen Wert (noch) nicht genügend gewürdigt wird, gibt es auch in Restaurants wie im häuslichen Bereich überwiegend täglich drei warme Mahlzeiten. Bei fast allen steht Reis im Mittelpunkt oder wird noch zusätzlich gereicht. Daneben kommt die ganze Vielfalt tropischer Gärten und Felder mit einer Vielzahl von Gemüsesorten zur Geltung. Obst wird häufig nicht, wie im Westen üblich, roh gegessen, sondern gekocht und in Speisen eingearbeitet, oder es wird der Saft ausgepresst. Um es etwas flapsig zu formulieren: Indische Köchinnen und Köche bevorzugen alles, was gut schmeckt und Arbeit macht.

Leider ist mit der Einnahme von Mahlzeiten das Hauptinfektionsrisiko für Reisende verbunden. Warmes Essen kommt in aller Regel frisch vom Herd; die Krankheitserreger stellen hier nur selten eine Gefahr dar. Bedenklich sind dagegen die Mischgetränke aus Milchprodukten und Fruchtsäften (z. B. Mango-Lassi). Auch „reine" Milch und „reiner" Fruchtsaft sind in Indien oftmals aus Kostengründen mit Wasser gestreckt, das häufig Keime enthält. So schade es ist, aber abgesehen von guten Hotelrestaurants sind Säfte und Milchgetränke in Indien für den reisenden Europäer tabu.

Regional gesehen lässt sich eine nordwestindische Küche von der „tropischen Küche" der östlichen und südlichen Landesteile unterscheiden. Im Nordwesten Indiens spielt neben Reis der Weizen und damit der Verzehr flacher Fladenbrote (Chapati) eine größere Rolle. Außerdem haben die nomadischen Eroberer, zuletzt die Moghul-Herrscher im 16. Jahrhundert, aus nomadischen Traditionen heraus Milch und Milchmischgetränke stark verankert.

Indische Märkte – nicht nur, aber vor allem Obst und Gemüse!

Indische Märkte sind ausgesprochen gut sortiert. Töpfe und Metallwaren erfordern ein bestimmtes Areal, ebenso Textilien oder Blumenketten. Bei den Nahrungsmitteln gibt es einen Reismarkt, einen Gewürzmarkt, einen Obstmarkt und einen Gemüsemarkt. Insbesondere in kleineren Siedlungen können sich diese Kategorien auch mischen. Spezialisierte Märkte erleichtern Indern die Orientierung beim Einkaufen, ebenso wie uns spezialisierte Ladengeschäfte.

Oft wird für die Märkte innerhalb der Siedlungen unbebautes Areal freigehalten. Es sind Stangen aus Holz oder Bambus in die Erde gerammt worden, die eine luftige Dachkonstruktion halten, welche mit Palmstroh, Reisstroh oder Plastikplanen abgedeckt ist. Unter diesen Gestellen sitzen Marktfrauen, seltener auch Männer, die ihre Waren zum Kauf anbieten.

Die Verkäufer kauern meist auf dem Boden, umgeben von ihren Waren. Dieser Boden wird meist nur unzureichend gereinigt und ist weithin mit allmählich verfaulendem organischem Abfall übersät. Im Vergleich zur Misslichkeit dieser äußeren Umstände sind die feilgebotenen Gemüse durchweg in einem hervorragenden Zustand. Inder sind viel wählerischer in der Qualität von Obst und Gemüse als die meisten Deutschen. Alles, was nicht einwandfrei ist, wird ausgemustert und weggeworfen.

Auf dem Gemüsemarkt in Mapusa, Goa.

13 Der Weiler Gotagar als Beispiel einer ländlichen kastengeprägten Sozialordnung

Lage und Wirtschaft

Ein anschauliches Raumbeispiel scheint besonders geeignet, Einblicke in das soziale Leben im ländlichen Raum zu gewähren, einschließlich der Religionsausübung und des Kastenwesens (beides lässt sich ohnehin kaum trennen).

Gotagar ist ein kleiner Streuweiler in der Nähe der indischen Westküste (Malabarküste). Der kleine Ort gehört zum Bundesstaat Karnataka und ist zwischen Mumbai (Bombay) und der Südspitze Indiens auf halbem Wege gelegen. Hier, an der westlichen Abdachung zum Arabischen Meer, bringen die Winde des Sommermonsuns viel Regen, die Jahressumme der Niederschläge liegt bei etwa 2000 mm. Nur in den Wintermonaten ist eine niederschlagsarme Saison angedeutet. Die natürliche Vegetation wäre weithin immergrüner hochstämmiger Wald. Die Höhenlage von etwa 200 m und die

◄ In einer Arekapalmen-Pflanzung: Beim Blick nach oben bilden sich die Konturen der Palmkronen scherenschnittartig scharf gegen den Himmel ab.

Früchte der Areka-Palme („Betel“) werden vor dem Haus und auf dem Hausdach für den Verkauf getrocknet.

Äquatornähe bei etwa 13 Grad Nord lassen die Temperatur das ganze Jahr von einem Mittel von 26 Grad Celsius nur wenig abweichen.

Da die bereits vor Jahrhunderten zugewanderte Bevölkerung zunächst auf das Grundnahrungsmittel Reis angewiesen war, wurden die Talsohlen gerodet. Die niedrigen Hänge bis etwa 500 m blieben teilweise bis heute dem Wald vorbehalten.

Heute deckt die Reisproduktion um Gotagar kaum den Eigenbedarf des nicht übermäßig dicht besiedelten Raumes. Als ideale Nachfolgekultur hat sich die Arekapalme ergeben. Sie ist das eigentliche Marktgut der Region und wird in alle Teile Indiens ausgeführt. Anders als der Reis ist die Kultur der Arekapalme an das niederschlagsreiche und damit vergleichsweise sonnenarme Gebiet gut angepasst.

Wie beim Reisbau sind auch bei der Arekakultur die talbodennahen Lagen bevorzugt, da die Palme tiefgründige Böden benötigt, die auch in der winterlichen Trockenperiode noch einen Wasservorrat aufweisen. Die Flächenkonkurrenz von Arekapalmenkultur und Reisanbau hat den Rückgang der Reiskultur zusätzlich beschleunigt.

Der Genuss der Arekanuss

Die Arekanuss, auch Betelnuss genannt, ist zentraler Bestandteil des Betelkauens. Betel ist nach dem Tee für breite Bevölkerungsschichten das wichtigste Genussmittel in Indien. Die Betelnuss wird zusammen mit einem Blatt des Betelpfeffers sowie etwas Kalkpaste gekaut. Dabei werden Alkaloide freigesetzt, die chemisch und von ihrer physiologischen Wirksamkeit her mit Koffein und Nikotin verwandt sind und ähnlich anregende Wirkung haben. Daneben fördert Betelkauen den Fluss des Mundspeichels, der sich leuchtend rot verfärbt und der früher stets in regelmäßigen Abständen zwischen den zumeist reichlich vorhandenen Zahnlücken hindurch auf den Boden gespuckt wurde. Durch eine Hygienekampagne in den Medien ist dieses Auf-den-Boden-Spucken sehr zurückgegangen.

Die Betelnüsse werden eingerollt in ein Pfefferblatt zusammen mit etwas Kalkpaste gekaut.

Die Sozialordnung in Gotagar

Nach dem indischen Kastenmodell würde man in Gotagar ein abgestuftes System von unterschiedlichen Kasten erwarten. Tatsächlich sind von den Hauptkasten (Varnas) nur die Brahmanen vertreten, daneben noch die Kastenlosen, welche die restlichen 20 Prozent der örtlichen Bevölkerung ausmachen. Die Brahmanen gehören zudem noch alle der gleichen Unterkaste (Jati) an. Die Sozialstruktur scheint also reduziert, was aber in ländlichen Räumen Indiens nicht ungewöhnlich ist und wohl mit den Zuwanderungsstrukturen einige Jahrhunderte zuvor erklärt werden muss.

Brahmanen und Kastenlose sind, wie später noch gezeigt wird, zwar sozial und ökonomisch auf vielfältige Weise aufeinander bezogen und miteinander verbunden, halten ihre Wohnareale aber aus religiös-kultischen Gründen strikt getrennt. Die Brahmanen wohnen in kleinen Weilern von typischerweise drei bis sechs Häusern, die vielfach Außenwand an Außenwand zu einem größeren Komplex zusammengebaut sind. Stärker noch als in westlichen Gesellschaften üblich spiegeln also bereits Wohnareale sehr stark soziale Distanz und soziales Gefälle.

Besonders bei den Brahmanen ist die Religionsausübung Teil des sozialen Selbstverständnisses. Sie bestimmt und gliedert den Tagesablauf. Zu bestimmten Zeiten gehen Mann wie Frau, unabhängig voneinander, in den Garten, um vor bestimmten Pflanzen, die wiederum speziellen Göttern geweiht sind, Opfer niederzulegen oder bestimmte Blumen zu brechen und sie vor dem Hausaltar den Göttern zu opfern. Allgemeine hinduistische Regeln für die Religionsausübung gibt es kaum. Die Regeln sind meist lediglich mündlich überbracht und können sich bereits von Dorf zu Dorf wesentlich voneinander unterscheiden. Der Hinduismus ist keine Buchreligion wie Judentum, Christentum und Islam, sondern durch eine Jahrtausende alte vor allem mündlich überlieferte Tradition geprägt.

Im Alltagsleben sind Landbesitz, bäuerliche Tätigkeiten, Kaste und Religionsausübung regional verankert und in sich vernetzt. Dies soll am Beispiel unterschiedlicher landwirtschaftlicher Tätigkeiten aufgezeigt werden:

Kern des landwirtschaftlichen Einkommens im Raum Gotagar ist, wie schon genannt, der Anbau der Arekapalme zur Gewinnung der Betelnuss. Die Nutzflächen sind seit alters her weitgehend im Besitz der Brahmanen-Familien. Diese erledigen die laufenden Arbeiten allerdings nicht selbst, sondern bedienen sich der Landarbeiter unter den Kastenlosen, die in einiger Entfernung in einer eigenen dörflichen Siedlung wohnen.

Für die Versorgung der Brahmanen-Familien mit tierischen Proteinen ist aber die Milchkuhhaltung wichtig, da Brahmanen ja das Töten von Tieren und der Genuss von Fleisch verwehrt sind. Jeder Brahmanenhaushalt besitzt

Das Auspressen und Auskochen des Zuckerrohrsaftes in der Sudpfanne gehört in Gotagar zu den Tätigkeiten der Kastenlosen.

einen Stall mit zwei bis drei Zebu-Rindern oder Wasserbüffeln, die etwas Milch geben. Da beim Abtransport von Frischmilch noch zumeist Kühleinrichtungen fehlen, kann die Milch auch nur schwer von weither angeliefert werden.

Interessanterweise sind die Arbeiten in Zusammenhang mit der Milchviehhaltung ausschließlich Angelegenheit der männlichen Mitglieder der Brahmanenfamilie. Obwohl das Ausmisten des Kuhstalles nach europäischem Ermessen unhygienisch und tendenziell „unrein" ist, besitzt diese Tätigkeit bei den sozial hoch gestellten Brahmanen den Wert kultischer Reinheit. Reinheit (engl.: *purity*) wird nicht mit Krankheitserregern und biologischen Abbaumechanismen verbunden, sondern entspricht einem kultisch-religiösen Ansatz. Das erklärt auch, weshalb oft die gleichen Menschen, die es ablehnen würden, einem Kastenlosen die Hand zu geben, eine bemerkenswerte Unbekümmertheit gegenüber bakteriell verunreinigtem Trinkwasser oder Lebensmitteln an den Tag legen. Keine Frage, Inder und Europäer verstehen unter *purity* oft etwas völlig anderes.

Frauen beim sortieren von Arekanüssen.

An den ländlichen Lebensraum sind die meisten Inder heute stark angebunden, wenn nicht ökonomisch, so doch emotional. Der Anteil der Landwirte wird immer noch mit mehr als der Hälfte der indischen Bevölkerung angegeben. Aber auch viele Stadtbewohner, die nichtlandwirtschaftlichen Berufen nachgehen, finden sich regelmäßig zu religiösen Festen im Heimatdorf ein oder bewahren noch über Generationen entsprechende ländliche Bindungen. Die spannende Frage des sich gerade auch in Indien sehr verstärkenden Urbanisierungsprozesses ist, inwieweit das indische soziale Selbstverständnis, in dem die Bindung an den Boden, regionale Herkunft und regionale Kastenzugehörigkeit eine derartig große Rolle spielen, sich in den großen Städten allmählich auflockern und einer neuen Selbstdefinition Platz machen wird. Tendenzen in diese Richtung sind durchaus vorhanden, das Endergebnis ist allerdings noch nicht absehbar.

14 Indien in regionalen Lebensbildern

Himalaja – das Dach der Welt

Unter Himalaja versteht man traditionell die südliche Umrahmung des innerasiatischen Hochlandes gegen das Tiefland der großen südasiatischen Ströme Indus, Ganges und Brahmaputra, deren Quellgebiete alle in diesem Gebirgsrahmen liegen. Der Himalaja besitzt nach Norden und Süden hin somit eine ausgesprochene Reliefasymmetrie: Nach Norden geht er unter allmählicher Abdachung stufenlos in den Transhimalaja und in das Hochland von Kuenlun über, wo er unter Höhenverlust nur noch einzelne Hochgebirgsketten und immer mehr Hochebenen ausbildet; nach Süden hingegen erfolgt ein schroffer Abfall des Hochgebirges gegen das nordindische Stromtiefland.

Diese Lage des Großreliefs ergibt sich daraus, dass erdgeschichtlich der indische Subkontinent, der ursprünglich eine Einheit mit dem heutigen Afrika und Australien bildete, nach dem Zerfall des Gondwana-Kontinents nach Norden wanderte und auf Innerasien driftete. Dieser plattentektonische Vorgang führte zur Entstehung eines jungen und damit hohen Faltengebirges am Südrand der innerasiatischen Masse und zu der Asymmetrie mit plötzlicher Südabdachung und allmählicher Nordabdachung des Himalaja. Geologen sprechen ganz anschaulich von einer Pultscholle (vergleichbar mit den alten Schülerpulten mit einseitiger Neigung).

An dieser Gebirgsmauer des Himalajas, die sich über nahezu 2000 Kilometer in vorherrschend west-östlicher Richtung erstreckt, haben mehrere

◄ Auf einem ländlichen Viehmarkt südlich von Hubli.

Staaten Anteil: Pakistan, Indien, China, Nepal und Bhutan. Der Anteil Indiens an diesem höchsten Gebirge der Welt ist dreigeteilt: Der weitaus größte Teil liegt im Westen des Gebirges, ein sehr kleiner Teil zwischen Nepal und Bhutan (Sikkim) und ein wieder etwas größerer Teil im östlichsten Himalaja (Assam).

In allen drei Teilregionen vollzieht sich aber der spektakuläre Anblick dieses Riesengebirges auf ganz ähnliche Weise. Auf wenigen Kilometern sind rund 7000 Höhenmeter zu überwinden. Als Vergleich: Die von Garmisch-Partenkirchen aus gewiss beeindruckende Wand des Wettersteingebirges mit der Zugspitze überbrückt eine Höhendifferenz von „nur“ rund 2000 Metern. Das Relief im Himalaja weist Höhenunterschiede auf, die man als Bergwanderer oder Bergsteiger nicht an einem Tag erklettern kann, und auch nicht an zwei oder drei Tagen. Es sind Dimensionen eines Hochgebirges, die das aus Europa Gewohnte völlig sprengen.

Man kann sich darüber streiten, wie stark die die Landnutzung die Naturverhältnisse widerspiegelt. In einem derartigen Gebirgsraum scheinen sich die Nutzungsmöglichkeiten aber immer eng an Klima und Relief der örtlichen Verhältnisse anzupassen.

Im großen westlichen Sektor des indischen Himalajas steigen alle Siedlungsgrenzen besonders weit nach oben. Dies liegt an dem insgesamt trockeneren Klima in allen Höhenstufen und damit verbunden an einer geringeren Wolkenbedeckung und höheren Sonneneinstrahlung. Die dadurch bedingten warmen Sommer ermöglichen einen Anbau bis in große Höhen. Im Winter hingegen sind vor allem die Nächte hier auch bereits im Tiefland schon recht kühl. Die natürlichen Laub- und Nadelwälder der mittleren Höhenstufen ähneln schon sehr den europäischen Wäldern, und ähnliches gilt auch für die landwirtschaftlichen Nutzpflanzen. Neben Reis spielt der Weizen eine sehr große Rolle, und in den mittleren Höhenlagen finden sich fast alle europäischen Obst- und Gemüsearten. Durch seine relative klimatische Gunst wurde der westliche Himalaja früher und dichter besiedelt als der östliche. Der Nutzungsdruck kann auch heute nachempfunden werden, wenn man die mühsamen Versuche sieht, Terrassen selbst an steilsten Hängen anzulegen und diese auch noch durch ein abgezweigtes Rinnsal künstlich zu bewässern.

Weiter im Osten hat es auch schon Jahrtausende alte dichte Besiedlung und Nutzung gegeben. Allerdings war diese weitgehend auf das Tiefland und auf die niedrigen Vorgebirge beschränkt. Erst seitdem die Briten im 19. Jahrhundert Nordostindien zum Schwerpunkt des Teeanbaus in der Welt machten, wurden die Bergwälder massiv gerodet und besiedelt.

Der Himalaja als nördliche Begrenzung macht Indien, das ja ansonsten ähnlich wie Europa in breiter Front an die asiatische Landmasse angebunden ist, überhaupt erst zu einer „Halbinsel“ beziehungsweise zu einem Subkontinent.

Eine Mure hat im westlichen Himalaja (nördlich von Delhi) die Straße verschüttet.

Maultiere helfen auf steinigen Bergpfaden beim Transport von Waren und Touristen.

Hill Stations – Erbschaften der britischen Kolonialepoche

Das indische Tiefland, ob im Norden oder im Süden, ist generell ziemlich heiß. Der Eindruck von Hitze steigert sich noch in der trockenheißen Periode des Vormonsuns im April oder während der feuchtwarmen Periode des Sommermonsuns etwa von Mai bis August. Für Menschen, die nicht wie viele Einheimische schwer körperlich arbeiten, ist nach einer Eingewöhnungszeit von mehreren Wochen diese Hitze durchaus erträglich – sofern man angemessen bekleidet ist. Europäer, die heute in Indien leben, kommen meist damit zurecht. In den etwas „steifen" und prüden Zeiten des viktorianischen England war dies hingegen ein Problem. Das soziale Prestige verlangte eine hochgeschlossene Kleidung von den britischen Offizieren und Kolonialbeamten, möglichst mit geschlossenem obersten Hemdkragen, Halsbinde und Jackett. Dazu waren lange Hosen verpflichtend. Ähnlich schlecht waren die Damen dran, denen der viktorianische Sittenkodex hochgeschlossene „Gesamtkörperkleidung" abverlangte. Mit diesen Formen von Kleidung können vor allem die indischen Sommer zum gesundheitlichen Problem werden. Besonders die Familien der Offiziere und hohen britischen Kolonialbeamten verbrachten daher die Sommermonate regelmäßig im Gebirge auf sogenannten Hill Stations, zumindest zeitweise begleitet von ihren Vätern und Ehemännern. Ein doppelter Wohnort war im britischen Adel und im gehobenen Bürgertum in Indien ausgesprochen üblich. Mit den Familien zogen auch jahreszeitlich ein Teil ihres Hausrats und mehrere indische Hausbedienstete und Hilfskräfte mit um.

Auch der jeweilige britische Generalgouverneur für Indien (später: Vizekönig) zog über mehr als hundert Jahre jeden Sommer für einige Monate in die Himalaja-Siedlung Shimla um, jedes Mal zusammen mit Tausenden von Beamten, Dienern und Lastenträgern. Dies ist mit ein Grund gewesen, die Hauptstadt von Britisch-Indien zu Beginn des 20. Jahrhunderts von Kalkutta nach Delhi, und damit in die Nähe des Sommersitzes, zu verlegen.

Da die Hill Stations durchweg mehr als tausend Meter hoch liegen, war eine erhebliche Höhendifferenz zwischen dem Tiefland und dem Gebirge zu bewältigen. Dies geschah zunächst durch Pferdekarren auf eine äußerst mühsame und zeitaufwendige Weise. Erheblich erleichtert wurde der Transport zwischen Wohnort und Hill Stations mit dem Beginn des Eisenbahnbaus ab der Mitte des 19. Jahrhunderts. Bis zur darauffolgenden Jahrhundertwende waren die wichtigsten Hill Stations durch Eisenbahnen angeschlossen, und der jährliche Umzug konnte nun relativ bequem in ein bis zwei Tagen erfolgen.

Generalgouverneur Lord Curzon und seine Frau mit erlegtem Tiger im Jahre 1903.

Die Eisenbahntrassen sind zumeist sehr aufwendig gestaltet und mit vielen Brücken und Tunneln sowie Kurven versehen. Das macht diese Eisenbahnlinien bis heute reizvoll und ermöglicht oft atemberaubende landschaftliche Ausblicke. Die eigentliche Funktion für den Personentransport haben diese Bahnlinien in die Berge aber zumeist eingebüßt. Ihre Bedeutung als „Toy Train“ für den ansteigenden Tourismus, der vor allem von den Indern selbst getragen wird, ist jedoch im Wachsen begriffen.

Zu einer Hill Station gehörte eine gewisse Größe, da die sich hier einfindende Gesellschaft sehr anspruchsvoll war. Neben ehemaligen Privatresidenzen liegen Grandhotels im Stil der Belle Epoque, vornehme Restaurants sowie Anlagen für Freizeit und sportliche Betätigung. In der Regel ist auch ein Netz von Spazier- und Wanderwegen ausgebildet, das sonst den indischen Gebirgen zumeist bis heute fehlt.

Interessanterweise wurden die meisten Hill Stations nach dem Ende der britischen Kolonialherrschaft im Jahr 1947 nicht aufgegeben. Die indische Oberschicht und obere Mittelschicht hatten sich bereits zunehmend am britischen Lebensstil orientiert und fanden den sommerlichen Aufenthalt in den Bergen ebenfalls *en vogue*. Da man aber heute mit dem eigenen Wagen zumeist in wenigen Stunden anreist, sind die Aufenthalte im Gebirge kürzer geworden. In der Regel kommt das Hauspersonal auch nicht mehr mit, sondern hält am Hauptwohnort Haus und Garten in Ordnung.

Auf diese Weise sind die Hill Stations heute eine eigenartige Mischung aus britisch-indischer Tradition und indischer Gegenwart, in welche sich auch der heutige europäische Tourist auf ein oder zwei Tage zurückziehen kann, um sich von der Hitze im Tiefland, aber auch vom lauten und engen Treiben der indischen Städte und Straßen zu erholen. Er findet dort Ruhe und Distanz sowie Nähe zu Natur und Landschaft bei einem guten Angebot an Hotels, Restaurants und Einkaufsmöglichkeiten.

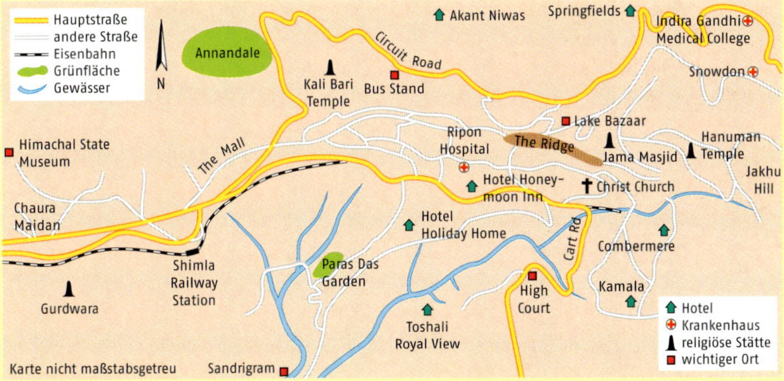

Aufgelockerte Siedlungsweise einer Hill Station am Beispiel Shimla (westlicher Himalaja), mit Hotels, Golfanlagen und Hospitälern.

Der Himalaja ist auch heute noch eine strikte Verkehrsbarriere zwischen Süd- und Innerasien; entlang seiner Hauptkämme verlaufen entsprechend mehrere Staatsgrenzen.

Gleichzeitig ist aber der Himalaja für Hindus und damit für einen Großteil der indischen Gesellschaft ein mystisches Gebirge mit hohem religiösem Symbolwert geblieben. Zahlreiche Pilgerpfade führen zu hinduistischen und buddhistischen Klöstern und Tempeln in gebirgiger Einöde. Gerade hier wird einem bewusst, dass der Hinduismus unmittelbar animistischen, naturreligiösen Vorstellungen entstammt.

Auch für die westlichen Besucher Indiens ist der Himalaja vielleicht die größte Naturattraktion, die das Land zu bieten hat. Die Gipfel mögen im chinesisch(tibetisch)-nepalesischen Grenzgebiet höher sein. Vom nordindischen Tiefland sind die rund 7000 Höhenmeter auf jeden Fall viel beeindruckender, als wenn man sich dem Bergland von Norden her nähern würde. Der Himalaja zieht in Nepal und Nordindien jedenfalls jedes Jahr Hunderttausende westlicher Besucher an.

Old Delhi und New Delhi – die Doppelstadt

Delhi bildet heute einen städtischen Ballungsraum von etwa 15 Millionen Menschen, der nach Mumbai (Bombay) und fast gleichauf mit Kolkata (Kalkutta) als der zweitgrößte des Landes gilt. Aufgrund der Tatsache, dass sich in Delhi Regierungsfunktionen und Firmensitze konzentrieren, ist der Raum durch eine extreme demographische und ökonomische Dynamik gekennzeichnet.

Delhi beziehungsweise der Standort des heutigen Delhi besitzt eine lange vorkoloniale Hauptstadtfunktion, zuletzt unter den islamischen Moghulherrschern. Die Briten haben sich schließlich zu Beginn des 20. Jahrhunderts dazu entschlossen, den Sitz des Vizekönigs und damit die Hauptstadt Britisch-Indiens abermals dorthin zu verlegen. Dies muss als repräsentative Anbindung an die altindische Tradition gesehen werden, die den Herrschaftsanspruch der Briten auf Indien noch einmal unterstrichen hat.

Die Briten legten den Sitz des Vizekönigs sowie andere Regierungs- und Verwaltungsbauten nicht unmittelbar an den Rand des alten Delhi, sondern deutlich abgesetzt in einem etwa zwei Kilometer breiten Streifen südlich davon. Ein solcher „Cordon sanitaire", der von der Bebauung weitgehend ausgespart blieb, trennte vielerorts im Kolonialraum die Stadt der Einheimischen von der Stadt der Europäer ab. Er sollte die Übertragung von Seuchen auf die Europäer verhindern und diente im Falle von Unruhen auch dem

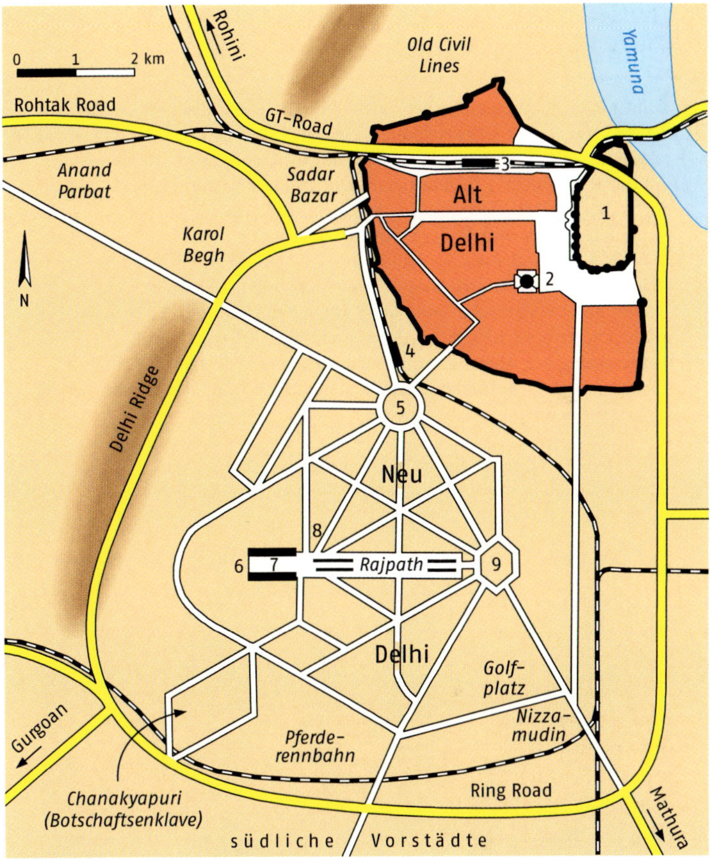

1 Red Fort
2 Jama Masjid
3 Delhi Station
4 New Delhi Station
5 Connaught Place
6 Präsidentenpalast
7 Regierungsgebäude (Secretariat)
8 Parlament
9 India Gate

Old Delhi und New Delhi.

Sicherheitsverständnis der vergleichsweise wenigen Europäer. In heutiger Zeit ist dieser Schutzkorridor aber überbaut oder wird durch Park- und Sportanlagen oder für Verkehrsflächen genutzt. Die ursprünglich getrennten Teile der Stadt sind damit zwar äußerlich zusammengewachsen, sie haben aber immer noch einen sehr unterschiedlichen Charakter bewahrt.

Umweltprobleme in Delhi

Zur Luftverschmutzung tragen auch die Thermalkraftwerke Delhis bei, die pro Tag außer Schwefeldioxid und Stickstoffoxid 6000 t Flugasche erzeugen. Erst in den letzten Jahren sind Einrichtungen installiert worden, um diese Emissionen zu reduzieren. Die größte Belastung entsteht jedoch durch den Kraftfahrzeugverkehr, mit qualmenden Dieselbussen und zahlreichen Rikschas und Rollern mit Zweitaktmotoren. Die Stilllegung der ältesten Busse und Rikschas hat zu einem Transportproblem geführt und viele Rikscha-Fahrer um ihre Existenz gebracht. Dennoch können die Nacht- und Morgennebel im Winter infolge der Luftverschmutzung eine solche Dichte erreichen, dass jeder Verkehr zum Erliegen kommt. Auch die Aufbereitung der Abwässer von Haushalten und Industrie ist völlig unzureichend, so dass die Yamuna, die Delhi auf 25 km durchfließt, die Stadt als Kloake verlässt.

Aus: Friedrich Stang, in: *Indien.* WBG, Darmstadt 2002, S. 303.

Blick über Old Delhi. In der Ferne ist die Lufttrübung durch feine Staubpartikel der Abgase (Smog) erkennbar.

Klein- und Kleinstbetriebe in Delhi

Die Zahl der Klein- und Kleinstbetriebe [in Delhi] ist bis zum Jahr 2000 auf 126 000 gestiegen, die 2 Mio. Arbeiter beschäftigen. 98 000 dieser Betriebe arbeiten außerhalb der für die Industrie ausgewiesenen Gebiete in „Non Conforming Areas", d. h. überwiegend in Wohnbereichen. Viele Betriebe gefährden die Umwelt oder belasten sie erheblich. Aufgrund eines Gerichtsurteils sollen einige hundert Betriebe geschlossen oder ins Umland verlegt werden. Mit einer Verlagerung aus Delhi verlieren aber die Beschäftigten ihre Arbeit, denn sie können nicht die Fahrtkosten zu ihrem neuen Arbeitsplatz tragen, wo zudem niedrigere Löhne gezahlt werden als in Delhi selbst.

Aus: Friedrich Stang, in: *Indien.* WBG, Darmstadt 2002, S. 303.

Informelles Gewerbe am Straßenrand: Ablösen von Bambusfasern als Rohstoff für Flechtarbeiten.

New Delhi wurde unter dem Einfluss der Gartenstadt-Idee des Briten Ebenezer Howard geplant, der um 1900 das Konzept einer menschenfreundlichen, aufgelockerten Stadt entwickelt hatte. Während in Old Delhi vor allem in der Altstadt immer noch traditionelle Enge und geschäftiges Treiben herrschen, vermittelt New Delhi einen insgesamt ruhigeren und wohlhabenderen Eindruck. Die Straßen sind hier breiter, es sind weniger Menschen zu sehen, und für den fließenden wie ruhenden Verkehr stehen mehr Flächen zur Verfügung. Die oft die Hauptstraßen begleitenden Ladengalerien haben eher einen großzügigen westlichen Zuschnitt. Die Wohngebiete sind teilweise als Villenviertel westlichen Stils verwirklicht. New Delhi ist zu einem hohen Prozentsatz Wohngebiet der Beamten und gehobenen Angestellten, sowohl im Bereich von Regierung und öffentlicher Verwaltung als auch der Firmenvertretungen. New Delhi ist aber auch heute der Sitz von indischem Parlament und indischer Regierung.

An den Ausfallstraßen von Delhi, vor allem nach Süden und Osten, also in Richtung des indischen Kernraums, haben sich bedeutende Industrien, vor allem im Maschinenbau, angesiedelt. Hier liegt auch die Kernregion der indischen Fahrzeugproduktion.

Delhi ist als „National Capital Territory" nach US-amerikanischem Vorbild kein eigener Bundesstaat der Indischen Union, sondern direkt der Bundesregierung unterstellt.

Mumbai – Glanz und Schatten einer indischen Megastadt

> „Bald werden in der Bombay mehr Menschen leben als auf dem gesamten australischen Kontinent. URBS PRIMA IN INDIS steht auf einem Schild vor dem Gateway of India, Bombays Triumphbogen. [...] Bombay verkörpert die Zukunft der urbanen Zivilisation der Erde. Gott stehe uns bei."
> Aus: Mehta Suketu, in: *Bombay. Maximum City.* 2006, S. 13.

Bombay, seit 1995 offiziell Mumbai, wird seit jeher mit vielfältigen Beinamen versehen – „Boombay" und „Slumbay" gehören zu den populärsten. Gerade diese beiden Benennungen bringen die Widersprüchlichkeit der Megastadt mit ihren knapp 20 Millionen Einwohnern (Statistisches Bundesamt) zum Ausdruck. Diese zeigt sich aus europäischer Perspektive in oft unvorstellbaren sozialen, ökonomischen und baulichen Kontrasten und spannt sich zwischen Wirtschaftsboom einerseits und bitterer Armut weiter Teile der Stadtbevölkerung andererseits auf.

In Verbindung mit dem Zitat aus *Bombay. Maximum City* von Suketu Mehta (s. o.) wird die Tragweite der Entwicklungen dieser Stadt spürbar, steht diese doch exemplarisch für eine Vielzahl weiterer wuchernder Städte weltweit. 2007 lebten global erstmals mehr Menschen in Städten als auf dem Land. Von besonderer Bedeutung sind dabei gerade in Schwellen- und

Entwicklungsländern die sogenannten Megacities, also Städte mit mehr als zehn Millionen Einwohnern. 2030 wird mehr als die Hälfte der Menschheit in asiatischen Städten leben, viele davon in den ausufernden städtischen Agglomerationen mit mehr als 20 Millionen Einwohnern, den sogenannten Meta- oder Hypercities. Bombay ist eine von ihnen.

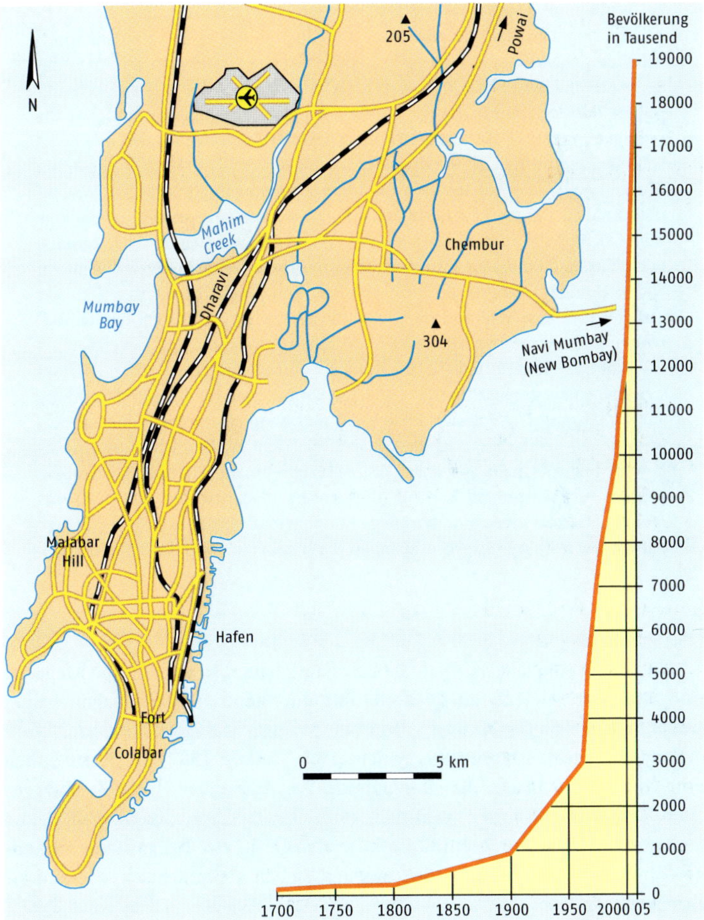

Karte von Mumbai.

Nächtliche Ankunft in Bombay

Anfang September 2007. Es ist Nacht. Wir sind gelandet. Auf dem Flughafen der Megastadt Bombay, seit 1995 offiziell Mumbai. Im Schlepptau haben wir 20 unserer Geographiestudierenden. Sie alle haben sich mehr als ein Semester lang auf diese dreiwöchige Exkursion nach Indien vorbereitet – in Seminaren, auf Vorbereitungstreffen, bei Arztbesuchen, beim Lesen von Fachartikeln und Reiseführern. Und jetzt sind wir tatsächlich da.

Feuchtwarme Luft umgibt uns. Zum Glück sind alle Gepäckstücke wohlbehalten angekommen. Jetzt gilt es, Taxis für alle zu bekommen. Auch das ist geschafft. Immer drei Studierende sollen sich eines der kleinen, schwarzgelben Taxis teilen, für die wir am Schalter nach einigem Hin und Her die richtigen Prepaid-Tickets kaufen konnten. Doch einige der Studierenden wirken eher verängstigt, als sie ihre Gepäckstücke dem Taxifahrer in die Hand drücken sollen, der sie auf dem Dach des altertümlich anmutenden Wagens festschnallen möchte. Irritierte Rückfragen werden uns gestellt, ungläubige Blicke richten die Studierenden auf uns. Wir ermutigen sie und schärfen allen noch einmal die Adresse unseres Hotels im privilegierten Stadtteil Colaba im Süden Bombays ein, etwa 30 km entfernt vom Flughafen. Dort wollen wir uns gleich treffen. Wie mulmig uns selbst ist, wollen wir uns vor den Studierenden nicht anmerken lassen. Wir verbreiten gute Laune und Zuversicht.

Auf der Fahrt durch das nächtliche Bombay überholen „unsere" Taxis sich mehrmals gegenseitig und zunächst kommt eine richtig gute Stimmung auf. Doch dann richtet sich unsere Aufmerksamkeit immer mehr auf das, was wir auf der Straße erleben. Obwohl es Nacht ist, herrscht dort ein unbeschreibliches Chaos. Schnelle, kurze Ausweichmanöver, ständiges Hupen, Umfahren von Schlaglöchern ... Aber unsere Blicke richten sich noch viel mehr auf den Straßenrand. Dort liegen in regelmäßigen, geringen Abständen, nahezu über die gesamte Strecke bis in die Innenstadt, schlafende Menschen.

Und dabei fing alles einmal fast beschaulich an. Da, wo sich die Megacity und wichtigste Hafenstadt des Subkontinents heute befindet, lagen früher sieben Inseln, von denen fünf – Bombay, Mahim, Mazagon, Parel und Worli – um eine Lagune herum angeordnet waren. Im Jahr 1537 sprach der Sultan von Gujarat die Inseln den Portugiesen zu. Aus dieser Zeit soll übrigens auch der Name Bombay stammen: *Bom Bahia* – gute Bucht. Die Briten kamen dann 1661 durch eine Mitgift in den Besitz der Inseln. Durch Landgewinnung machten sie ab 1862 aus den sieben kleinen Inseln die heutige Bombay-Insel.

Es war die Baumwoll- und Textilindustrie, die die Voraussetzungen für die heutige Bedeutung Bombays schuf. Im Jahr 1854 wurde die erste Zug-

Nicht nur Erwachsene, sondern auch Kinder. Ganze Familien liegen ohne Schutz am Rand der Straße, im Lärm der vorbeifahrenden Autos. Es ist fast nicht zu glauben – insbesondere für unsere Studierenden, von denen erst einer zuvor in Indien gewesen war. Natürlich, all das hatten wir uns vorher klar gemacht – aber jetzt ist die Realität da, und die ist noch einmal ganz, ganz anders.

Mit Erleichterung stellen wir fest, dass alle acht Taxis an unserem Hotel in Colaba angekommen sind. Kein Studierender fehlt, und auch kein Gepäckstück. Doch ein beklommenes Gefühl spiegelt sich auf den Gesichtern vieler Exkursionsteilnehmer. Das soll ein privilegierter Stadtteil sein? Auch hier leben Menschen auf der Straße, teils liegen sie unter improvisierten Unterständen mit blauen Plastikfolien, um sich vor dem leichten Nieselregen zu schützen. Gleich mehrere dicke Ratten laufen beim Entladen der Taxis über die Straße.

So haben wir unsere Studierenden noch nicht erlebt. Etwas schlapp sitzen sie auf den Stühlen, Sesseln und Sofas in der Lobby des Hotels. Erst einmal Schweigen. Wir retten uns in Organisatorisches. Doch anschließend steht keiner auf. Immer noch sind erwartungsvolle Blicke auf uns gerichtet. Und dann bricht es nach und nach aus einigen Studierenden heraus: Sie beschreiben ganz offen ihre mulmigen Gefühle und Befürchtungen, aber auch Hoffnungen für die Exkursion. Ein gutes Gespräch entsteht. Nach einer Weile entschließen wir uns nicht nur zu einem ersten nächtlichen Spaziergang zum nahe gelegenen Gateway of India, sondern wir sind uns auch einig: Keiner von uns soll auf dieser Exkursion versuchen, ein „Pokerface" zu wahren. Viel besser ist es, seine Eindrücke offen anzusprechen und sich immer wieder auszutauschen. Denn sonst besteht die Gefahr, von den vielen belastenden Eindrücken in dieser Megacity überwältigt zu werden.

Jetzt sind wir wirklich angekommen!

verbindung von Bombay nach Pune fertig gestellt. Nun konnte die Stadt aus dem Hinterland mit Rohstoffen, vor allem mit Baumwolle, versorgt werden. Seitdem kamen immer neue Spinnereien und Webereien hinzu. Die Folge war ein reger Zustrom von Arbeitskräften aus vielen Teilen Indiens in die Stadt. Um 1960 gab es eine viertel Million Beschäftigte in Bombays Textilindustrie. Doch in den 1980er Jahren begann der Niedergang, der zur Schließung vieler Fabriken und zu Massenentlassungen führte. Viele Menschen verloren ihre Arbeit. Die Slums der Stadt begannen zu wachsen.

Gleichzeitig entwickelte Mumbai sich weiter zum bedeutendsten Wirtschaftsstandort Indiens. Viele wichtige Unternehmen, Banken und Versicherungen haben hier ihren Sitz. Das Umland ist ein Industriestandort erster

Ordnung. Bombay ist nicht nur das ökonomische Zentrum des Bundesstaates Maharashtra, dessen Hauptstadt es ist, sondern von ganz Indien. Hier wird mehr als ein Drittel des Bruttoinlandsproduktes des Landes erwirtschaftet, hier befinden sich zwei Börsen, und im hiesigen größten Naturhafen der Welt wird die Hälfte des indischen Außenhandels bewerkstelligt.

In Bombay leben mehr Millionäre als in Manhattan, und auch die Büromieten gehören zu den teuersten der Welt. Die wohlhabende Bevölkerung lebt schon heute oft in sogenannten *gated communities*, geschlossenen Wohnsiedlungen oder -komplexen mit einer Vielzahl von Sicherheitseinrichtungen wie Zäunen, bewachten Einfahrtstoren, weiterem Sicherheitspersonal und Alarmanlagen.

Die Kunst zu überleben

Bombay – neuer Name: Mumbai – ist Maximum City, so Avantgarde, so trendy, so süchtig nach Superlativen wie seine chinesische Schwester Shanghai, mit der indische Politiker es immer wieder vergleichen. Die älteste Börse des Landes, die wichtigsten Banken, die reichsten Unternehmer, die schönsten Filmstars und die gefürchtetsten Gangster – sie alle sind in dieser Stadt zu Hause, die für mehr als ein Drittel aller Steuern im Staatshaushalt aufkommt und dabei noch jede Menge Schwarzgeld hortet. 40 Prozent der Flüge aus dem Ausland landen in dieser Metropole, die schon heute über 18 Millionen Einwohner zählt und nach einer UNO-Schätzung im Jahr 2015 knapp hinter Tokio die zweitgrößte der Welt sein wird. Mit mehr Menschen, als heute in Australien oder in Skandinavien leben.

Bombay ist Bollywood, mit mehreren hundert produzierten Filmen pro Jahr, Sacharin-süßen Songs und vom Studioregen an heiße Körper geklebten Saris, da kann Hollywood nicht annähernd mithalten. Der Quadratmeterpreis für Apartments in besten Wohnlagen liegt über dem von München, New York oder London. Weltklasse-Restaurants locken mit raffinierter Haute Cuisine, Lobster in Olivensauce mit Curryreis.

Und es kann schon vorkommen, dass Gäste zur Besprechung eines Deals mit einem Lamborghini vorfahren.

Milliardenschwere Industriebosse wie Ratan Tata (Stahl, Autos), Mukesh Ambani (Öl, Chemie) und Adi Godrej (Konsumgüter) gehen von ihren Bombayer Firmenzentren aus auf weltweite Einkaufstour, werden vor allem durch Übernahme großer europäischer Unternehmen zu Global Players. Das Nachrichtenmagazin *India Today* schreibt nach den neuen Bombayer Akquisitionen in Großbritannien schon stolz von einer „umgekehrten Kolonialisierung“. [...]

Aus: Erich Follath, in: Die Kunst zu überleben. *Der Spiegel* vom 26.02.2007.

Die direkte Begegnung mit der überall präsenten Armut wird teils gänzlich vermieden: „Die Mittelschicht, die Reichen und die Touristen bewegen sich in Blasen: Vom Haus ins Auto, damit durchs Menschenmeer, ins Büro, zum Mittagessen ins Indigo Delhi in Colaba (einem wohl situierten Stadtteil im Süden der Stadt), wo sommerseidiger Salsa durch die kühle trockene Luft weht, und dann zurück nach Hause oder ins Hotel. Auf dem Weg ins Zentrum kommt man an der Atria-Shopping-Mall vorbei, in der bald der erste Rolls-Royce-Showroom Indiens eröffnet.“ (Alex Rühle in der Süddeutschen Zeitung Nr. 191 vom 21.08.2006).

Auf den ersten Blick wird dem Besucher der Stadt jedoch deutlich, dass hier zwei Welten, die des relativen Wohlstandes und die der absoluten Armut, parallel zueinander existieren: „In einer Stadt, in der 700 000 Obdachlose noch nicht einmal in einem Slum leben (dürfen), existieren gleichzeitig 250 Diätkliniken und Wellnesstempel“ (Nissel 2004, S. 57). Beide Welten stehen in enger Verbindung zueinander: „Integration und Ausgrenzung, alltägliche Freiheit und ebenso bedrückende Armut, unbezähmbare kulturelle Vitalität und plastinierende Kommerzialisierung, aktuellste Spitzentechnologie und technisch obsolete Knochenarbeit, Hoffnung und Verzweiflung wohnen hier nicht nur auf engstem Raum zusammen, sondern bedingen einander sogar.“ (Ahuja 2006, S. 8).

Das Gateway of India – Wahrzeichen Mumbais.

Die hier angesprochene wechselseitige Abhängigkeit lässt sich besonders gut am Beispiel der Bewohner von Dharavi, dem größten Slum Mumbais, aufzeigen. Nach der UN-Habitat-Definition ist unter einem Slum ein städtisches Gebiet mit beengten, illegalen Behausungen zu verstehen, ohne sauberes Wasser und hinreichende Kanalisation. In Dharavi liegt das „Backoffice“ von Mumbai. Hier leben viele der Menschen, die in zumeist informellen Arbeitsverhältnissen als Chauffeure, Reinigungskräfte, Müllbeseitiger, Schuhputzer oder Wachpersonal der Mittelklasse das Leben erleichtern – von deren Finanzkraft sie wiederum profitieren und hierdurch ihr Leben sichern können. Zwischen 40 und 60 Prozent der Gesamtbevölkerung Mumbais sollen nach Schätzungen in einem der rund 2 500 Slumgebiete der Stadt leben.

Um die 300 Familien oder 1 000 Menschen kommen täglich aus anderen, vor allem ländlichen Teilen Indiens hinzu – angetrieben von der Armut auf dem Land und angezogen von der Hoffnung auf bessere Verdienst- und Lebensbedingungen in der Stadt. Diese Neuankömmlinge kommen zunächst oft als Untermieter bei Verwandten in deren Wellblechhütte unter.

Slums durchdringen in Mumbai auch die Wohnviertel der Mittelschicht. Vor allem nachts ist die Situation besonders drastisch und offensichtlich. Dann schlafen die Ärmsten der Armen, die sogenannten *pavement dwellers* („Bürgersteigbewohner“), also Obdachlose, teils ganze Familien, am Rand der Straßen der Stadt.

Als weiteres Problem der Megacity kommen beängstigende Umweltbelastungen hinzu, derer die Stadtverwaltung bislang nicht Herr werden konnte. Nicht nur in den Slumgebieten, die fast vollständig ohne Wasserversorgung und Kanalisation auskommen müssen, ist die Entsorgung von Abwasser, Abgas und Abfall unzureichend. Gerade in der Zeit des Monsuns kommt es im Sommer in vielen Teilen der Stadt zum Zusammenbruch der mangelhaft ausgebauten Kanalisation. Dann verstopft Müll die Abflüsse, in die er während der alljährlichen Überschwemmungen gespült wird. Verschmutztes, verseuchtes Wasser begünstigt die Ausbreitung von Krankheiten.

Für die Luftverschmutzung, die ebenfalls ein enormes Umweltproblem der Megastadt ist, gilt hingegen: In der Monsunzeit des Sommers tragen der stärkere Wind sowie die ergiebigen Niederschläge zu einer geringeren Belastung bei. Gänzlich anders ist es im Winter, wenn bei meist ruhigen Windverhältnissen und äußerst wenig Regen die Stadt kaum durchlüftet wird.

Bedenklich ist in diesem Zusammenhang die steigende individuelle Motorisierung der Stadtbevölkerung. Schon jetzt wälzt sich eine Blechkolonne von einer halben Million Fahrzeugen (neben den zweieinhalb Millionen

Slumzeile auf öffentlichem Grund entlang der Eisenbahntrasse.

Pendlern in überfüllten Zügen) aus den Vororten in die schmale Südspitze von Bombay, wo das kommerzielle Zentrum der Stadt liegt. Positiv ist, dass Mumbai über ein im Vergleich zu anderen indischen Städten gut ausgebautes Schienennetz verfügt. Dennoch tragen neben den Privatautos und Taxis auch die öffentlichen Busse zur Luftverschmutzung bei.

Zwei Drittel aller indischen Industriebetriebe sind im Norden der Metropole angesiedelt und verschlimmern mit ihren größtenteils unzureichenden umwelttechnischen Standards die Luftvergiftung zusätzlich. Feinstaub stellt eines der größten Probleme dar. Viele Bewohner der Stadt leiden unter Atemwegs- und Hauterkrankungen.

Diese Ausführungen verdeutlichen, welchen komplexen Herausforderungen die Megastadt gerade im Hinblick auf die soziale Situation und die Umweltprobleme ausgesetzt ist. Ein interdisziplinärer Ansatz, der derartige problembehaftete, nicht-nachhaltige Strukturen und Prozesse des globalen Wandels in der Art eines Analyseinstrumentes aufgreift, ist der „Syndromansatz". Ein „Syndrom" ist hierbei als „Krankheitsbild" zu verstehen, welches durch eine Vielzahl charakteristischer, weltweit vergleichbarer „Symptome" charakterisiert ist. Zeitler (2008) zeigt auf, dass in Mumbai mindestens drei solcher Syndrome ineinander greifen:

Das „Favela-Syndrom"

Entsprechend der bereits angesprochenen Probleme der flächengreifenden Elendssiedlungen von Mumbai zeigt sich das Krankheitsbild hier in einer ungeregelten Urbanisierung, die mit einer Umweltdegradation und Verelendung in menschlichen Siedlungen einhergeht. Urbanisierung bedeutet in diesem Zusammenhang nicht die Ausbreitung städtischer Lebens-, Wirtschafts- und Verhaltensweisen im engeren Sinne, sondern meint den Prozess der Verstädterung, d. h. „die Vermehrung, Vergrößerung und Ausdehnung von Städten nach Zahl, Fläche oder Einwohnern, sowohl absolut als auch im Verhältnis zur ländlichen Bevölkerung bzw. zu den nicht-städtischen Siedlungen" (Bähr 1997, S. 75). Auch in Mumbai ist der Hauptwachstumsfaktor eine ungebremste Landflucht. Hierbei erweist sich wie bereits erwähnt vor allem der informelle Wirtschaftssektor als Magnet, also der „alternative" Beschäftigungssektor marginalisierter Bevölkerungsteile, der keinen staatlichen Kontrollen und Regelungen (z. B. Beschäftigungs-, Sicherheits-, Steuerregeln) unterliegt, aber auch keine staatliche Unterstützung erhält. Meist handelt es sich um Kleinstunternehmen mit geringer Kapitalausstattung.

Das „Suburbia-Syndrom"

Dieses Krankheitsbild beschreibt die landschaftsschädigenden Auswirkungen der *planmäßigen* Expansion von Städten in ihr jeweiliges Umland. Das Wachstum Bombays findet nicht nur in den Elendssiedlungen der Metropole statt, sondern gleichzeitig durch eine geplante Suburbanisierung. Ein Suburb ist eine Stadtrandgemeinde oder Vorstadt. Suburbanisierung meint also die Expansion von Städten in ihr jeweiliges Umland. Hierbei können drei Teilprozesse unterschieden werden: die Bevölkerungssuburbanisierung, die Gewerbe- oder Industriesuburbanisierung und die tertiäre Suburbanisierung (Dienstleistungen). Alle drei Formen existieren in Mumbai. Als Leitlinien der Suburbanisierung dienten schon in früherer Zeit die aus der Stadt herausführenden Eisenbahnlinien und Schnellstraßen. Die nach dem Zweiten Weltkrieg stark gewachsenen Vororte schlossen sich bereits 1957 zu „Greater Bombay" zusammen, welches eine Fläche von 448 km^2 umfasste. Die heutige „Bombay U.A." (Bombay Urban Agglomeration) stellt eine Großregion von 4355 km^2 dar. Dazu gehören: Greater Bombay (1995 umbenannt in Brihanmumbai), Thane, Kalyan, New Bombay (Navi Mumbai), 16 weitere „municipal towns", sieben „nonmunicipal urban centres" und 995 Dörfer.

Die fortschreitende Suburbanisierung Bombays geht einher mit einem enormen Flächenfraß (Zersiedelung) sowie mit einer starken Bodenversiegelung und -verdichtung. Ein Verlust an biologischer Vielfalt ist zu beklagen, ebenso wie eine aufgrund der ständig wachsenden Einwohnerzahl und dem damit einhergehenden steigenden Energiebedarf fortschreitende Umweltbelastung.

Das „Kleine-Tiger-Syndrom“
Rasante Modernisierungsprozesse gerade in Schwellenländern wie Indien gehen vielfach einher mit einer Vernachlässigung ökologischer Standards im Zuge eines hochdynamischen Wirtschaftswachstums. Auch in Bombay stellen das im weltweiten Vergleich geringe Lohnniveau sowie schwache Beteiligungsrechte der Arbeiterschaft Standort-„Vorteile“ im Rahmen der Globalisierung dar.

Die Megastadt gehört im Gegensatz zu New York, Tokio oder London (noch) nicht zu den Global Cities, d. h. den Schaltzentralen der Weltwirtschaft, in denen die wichtigsten Finanzmärkte, aber auch Zentralen von Banken und von transnationalen Konzernen („Global Player“) ihre Unternehmenssitze haben. Doch Bombay sieht sich auf dem Weg dorthin und versteht sich selbst als „Globalizing City“. Dies hat deutliche Implikationen: „Der Anspruch einer Globalizing City, sich in Weltmarktprozesse einzubinden, führt in Mumbai zu neoliberalem Investitionsverhalten, das die Kernregionen bevorzugt und den ersten Platz für Großinvestitionen darstellt: 31 der 34 ausländischen Banken haben ihre indischen Zentralen in Mumbai errichtet; die beiden großen Börsen Mumbais erzielen zwei Drittel der Gesamtumsätze aller Börsen Indiens; mehr als die Hälfte der 10 indischen Top-Firmen führen ihren Firmensitz in dieser Stadt. Lediglich auf dem IT-Sektor liegt Mumbai auf Platz zwei hinter Südindien. [...] Diese Modernisierung ist aber gleichzeitig mit verheerenden Folgen verbunden, die sich ebenfalls in keiner anderen indischen Stadt so scharf abbilden“ (Zeitler 2008, S. 30). Gemeint sind hier insbesondere die dargestellten sozialen und ökologischen Probleme.

Unweit der bevorzugten Wohnlage Malabar Hill entsteht eine Skyline aus Büro- und Wohnhochhäusern.

Die Stadt in der Stadt – der Slum Dharavi.

„Fort“ – diesen geschäftigen innerstädtischen Stadtteil von Bombay wird fast jeder Reisende, sowohl die Geschäftsfrau aus Europa als auch der Rucksackreisende aus Australien, während eines Aufenthaltes in Bombay kennen lernen. Hier finden sich nicht nur das Finanz- und Bankenviertel, sondern gleich mehrere der Hauptanziehungspunkte der Megastadt, wie das Prince of Wales Museum (heute offiziell: Chhatrapati Shivaji Maharaj Vastu Sangrahalaya), der Sandsteinbau des Victoria Terminus (heute: Chhatrapati Shivaji Terminus) oder die 1857 eröffnete University of Mumbai mit ihrem markanten Uhrturm – um nur einige zu nennen. Neben den wichtigsten öffentlichen Einrichtungen können in diesem repräsentativen, vom viktorianisch-kolonialen Baustil geprägten Stadtteil viele der angesagtesten Bars und Restaurants der Stadt aufgesucht werden. Und vielleicht wird der eine oder andere Reisende genau hier zum Lunch ein köstliches „Thali“ genießen – verschiedene, meist vegetarische Gerichte, die auf einem Metallteller serviert werden. Wichtiger Bestandteil eines solchen Essens ist, in fast allen Regionen Indiens, Brot. Entweder als „Naan“ aus dem Tonofen oder „Chapati“, ein dünner Fladen aus Wasser und Mehl, z. B. in der dickeren „Roti“-Variante. Oder auch als „Papad“ oder „Papadam“, hauchdünne, knusprige und scharf gewürzte Fladen.

Doch woher könnte dieses Brot, das im Restaurant im Stadtteil Fort serviert wird, kommen? Um diese Frage zu beantworten, ist ein Ortswechsel nötig:

In einem etwa 10 m^2 großen, engen, heißen, halbdunklen Raum werden Mehlsäcke herangeschleppt und gestapelt, Teig wird hergestellt und geknetet, ausgerollt und geformt, in den Backofen geschoben – und die fertigen Brote werden in alle Teile Bombays abtransportiert. Dieser kleine Familienbetrieb, in dem je nach Bedarf sechs bis zehn Jungen und Männer mithelfen, ist hoch produktiv. Er sichert das Überleben einer großen Familie und beliefert mehrere Bäckereien und Restaurants der Stadt. Allerdings gibt es hier weder Arbeitszeitregelungen noch Arbeitsschutzbestimmungen.

Die kleine Bäckerei liegt in einem ebenfalls sehr geschäftigen Stadtteil Bombays – „Geschäftigkeit“ hat dort jedoch eine gänzlich andere Bedeutung! Und: Dorthin verirrt sich kaum ein Reisender. Die Lebensbedingungen unterscheiden sich hier überdeutlich von denen im Stadtteil Fort. Die Rede ist von Dharavi, dem Stadtteil Bombays, der lange Zeit als größter Slum Asiens galt. Heute soll ihm ein Vorort von Karachi in Pakistan diesen traurigen ersten Rang abgelaufen haben.

Die nur etwa 15 Kilometer voneinander entfernten Stadtteile Fort und Dharavi stehen exemplarisch für zwei Welten der indischen Megastadt, wie sie unterschiedlicher nicht sein könnten. Gleichzeitig ist Dharavi eine verita-

In einer Bäckerei in Dharavi.

Dharavi – ein Wellblechmeer.

ble Stadt in der Stadt und in vielfältiger Weise mit anderen Teilen Bombays verflochten. Das Beispiel Brot macht dies erst ansatzweise deutlich.

Dharavi ist der Standort eines florierenden Wirtschaftssystems, das in städtische, nationale und auch globale Handelskreisläufe eingebunden ist. Hier sind unzählige Handwerksbetriebe und Miniindustrien ansässig: Gerbereien, Kleinstbetriebe zur Herstellung von Lederprodukten, Töpfereien, Recyclingunternehmen und viele mehr. Ungefähr 15000 Kleinbetriebe erwirtschaften geschätzt mehr als eine Milliarde Dollar im Jahr. Ein Teil der Bewohner arbeitet jedoch auch außerhalb des Slums – als Angestellte in Callcentern oder z. B. als Lehrer.

Im größten und bekannteste Slumgebiet Indiens wurden auch die meisten Szenen des vieldiskutierten, Oscar-gekrönten Films *Slumdog Millionär* des britischen Regisseurs Danny Boyle aus dem Jahr 2008 gedreht. Dharavi ist nur eines von etwa 2500 Slumgebieten der Megacity, in die täglich schätzungsweise 300 Familien, also 1000 bis 2000 Menschen, aus ländlichen Gebieten zuwandern.

Hier leben geschätzt 450000 bis 600000 Einwohner auf rund zwei Quadratkilometern – das entspricht einer Siedlungsdichte, die 40-mal höher ist als etwa im dicht besiedelten Berlin-Kreuzberg. Auf engem Raum leben hier verschiedene Ethnien und neun Religionsgruppen mit eigenen Moscheen, Tempeln und Kirchen zusammen, die noch heute oft nach Herkunftsgebieten oder Berufsgruppen und damit Kasten geordnet in einzelnen Teilbereichen wohnen.

Für die etwa 60000 Kinder von Dharavi stehen zwölf öffentliche Schulen zur Verfügung (häufig wird die Schule jedoch abgebrochen, um in den Minifabriken zu arbeiten). Im gesamten Stadtteil gibt es aber nur ein einziges Krankenhaus. Haupterschließungsstraße ist die 90 feet road. Sie war wirklich einmal 90 feet, also etwa 30 Meter, breit. Durch die zusätzliche Bebauung ist sie heute auf langen Strecken nur noch rund 10 m breit. An den breiteren

„Backoffice von Mumbai"

So wird Dharavi auch oft bezeichnet: Die in anderen Teilen der Stadt lebende Mittelschicht profitiert vom Slum, da dieser günstige Arbeitskräfte, z. B. Haushaltsangestellte, und Handwerksprodukte für die Mittelschicht zur Verfügung stellt. Gleichzeitig könnte Dharavi ohne diese Abnehmer von Produkten und Dienstleistungen nicht überleben. Beide Welten, die des relativen Wohlstands und die der relativen Armut, könnten derzeit jeweils ohne einander nicht existieren und sind eng verflochten.

Straßen des Stadtteils sind die Geschäfte angesiedelt, die damit auch für die Bewohner anderer Teile Mumbais mit dem Auto zugänglich sind, die dort z. B. Lederwaren kaufen. Aus der hohen Bevölkerungsdichte und der niedrigen Bebauung ergibt sich jedoch eine so große Enge, dass fast sämtliche Gassen von Dharavi so schmal sind, dass man kaum zu zweit nebeneinander hindurchgehen kann. Bei Monsun verwandeln sie sich in Schlammpisten.

Die Folge dieser Enge ist, dass die Wellblechhütten und einfachen Steinhäuser, in denen die Bewohner von Dharavi leben, zumeist sehr dunkel und kaum durchlüftbar sind. Hinzu kommt, dass keine geregelte Müllentsorgung existiert. In den meisten Teilen fehlt die Versorgung mit sauberem Wasser. Für 1400 Bewohner steht nur eine öffentliche Toilette zur Verfügung. Krankheiten wie Cholera und Typhus treten unter diesen Bedingungen epidemieartig auf und werden oft nicht behandelt.

Die Situation wird durch die in einigen Teilbereichen katastrophalen Umweltbelastungen verschärft. Schuld daran trägt insbesondere einer der Hauptarbeitgeber des Slums – der Recyclingsektor im äußersten Westen von Dharavi. Denn ein Teil der Abfälle von Mumbai wird hier nicht als Müll wahrgenommen, sondern ist wichtiger Rohstoff. Dieser wird von Müllsammlern, die Plastikflaschen und Verpackungen auf den Straßen Mumbais aufsammeln, angeliefert, aber auch Industriebetriebe entsorgen hier ihre Abfälle. Mehr als 50000 Menschen arbeiten in Dharavi in Recyclingbetrieben.

Eine der Hauptwasserleitungen von Mumbai führt durch Dharavi.

In einem Recyclingbetrieb in Dharavi.

Ein Reyclingbetrieb von innen: Es ist eng, laut, staubig, heiß. Ein beißender Geruch liegt in der Luft. Plastik wird sortiert, geschreddert, als Granulat an Zwischenhändler verkauft und von diesen abtransportiert. Diese Zwischenhändler sind ebenfalls Kleinbetriebe im Slum: Sie waschen das Plastik, verkaufen es weiter an andere Unternehmen, die es wiederum erhitzen und zu Kunststoffballen pressen. Anschließend werden diese an Industriebetriebe der Stadt verkauft, teils aber auch z. B. schon nach China exportiert. Arbeitsschutz existiert hier nicht: Hörschutz, Handschuhe oder Schutzbrillen sucht man vergeblich. Vor allem durch das Erhitzen des Kunststoffs entsteht eine enorme Umweltbelastung.

Aufgrund all dieser Bedingungen stehen die Behörden von Mumbai schon seit langer Zeit unter Handlungsdruck. Tatsächlich sind es aber ökonomische Beweggründe, die derzeit Dynamik in das Handeln von Stadtpolitikern und Managern aus aller Welt bringen. Denn: Dharavi ist ein echtes „Filetstück" Mumbais!

Durch seine Lage in Flughafennähe und die Anbindung an Schienen und Schnellstraßen ist Dharavi einer der am besten erreichbaren Stadtteile der Megacity. Direkt benachbart liegt das Bankenviertel Bandra Kurla. Dort sind die Mieten wie Traumrenditen an der Börse im Jahr 2008 um 58 Prozent gestiegen. Auch die Bodenpreise in Dharavi steigen: 2008 war ein 20-Quadratmeter-Haus (darin leben acht Menschen) 25000 Euro wert!

In einem Recyclingbetrieb – ein Besucher berichtet:

Nachhaltige Erinnerungen habe ich an einen Recyclingbetrieb, der in einem kellerartigen, nicht gemauerten Untergeschoss in Dharavi liegt, mehr eine Art Erdloch unter dem Gebäude. Ständig kommen zerlumpte Träger und bringen auf ihren Köpfen Säcke herein und heraus. Der Weg hinunter ist äußerst steil und schmal, die Träger und die Ihnen Entgegenkommenden behindern sich gegenseitig. Die Seiten des Pfades sind durch Müllberge verstellt. Im Inneren des Kellers wird der eintreffende Kunststoffmüll von etwa einem halbdutzend zerlumpter Arbeiter grob sortiert und anschließend kommt dieser in einen Schredder, ähnlich denen, die bei uns Gärtner zum Zerkleinern von Schnittgut verwenden. Ein junger Mann von etwa 20 Jahren „füttert" den Schredder mit Plastikteilen. Als einziger hat er ein Tuch vor den Mund gebunden. Die Atemluft ist beißend, die Luft im Keller milchig-trüb. Eine Szene wie in einem apokalyptischen Film, in dem eine Handvoll Menschen einen Atomkrieg überlebt haben. Der Schredder macht einen Höllenlärm.

So verwundert es nicht, dass in Mumbai, einer der am dichtesten besiedelten Städte der Welt mit knapp 30 000 Einwohnern je Quadratkilometer, dieser zentrumsnahe Stadtteil Begehren weckt. In einer Stadt, die sich als Globalizing City versteht, besteht zudem die – berechtigte – Befürchtung, das durch Slums geprägte Stadtbild könnte potenzielle Investoren abschrecken.

Aus diesen Gründen steht Dharavi vor einer großen, grundlegenden Veränderung – vor einem Sanierungsvorhaben, welches das Gesicht dieses Stadtteils für immer verändern wird.

Dieses Planungsvorhaben ist das sogenannte *Dharavi Redevelopment Project*. Einer der hierbei wichtigsten Männer ist der Architekt und Stadtplaner Mukesh Mehta. In den USA ausgebildet, entwickelte er dort Wohnungen und Häuser im oberen Preissegment. Die Pläne für die Sanierung von Dharavi, die er der Regierung von Maharashtra vorgelegt hat, wurden mit einigen Modifikationen akzeptiert. Kernelement des Plans: Die Hütten sollen abgerissen werden und ein Teil der bisherigen Einwohner in siebenstöckige Häuser umgesiedelt werden; diese sollen von noch zu bildenden Wohnungsgesellschaften verwaltet werden. Jede umsiedlungsberechtigte Familie erhält eine 21-Quadratmeter-Wohnung mit eigener Toilette und Küchenzeile mit Gasherd, in der sie kostenlos leben darf. In diesem Bauprojekt, das zu den derzeit ambitioniertesten ganz Indiens zählt, sind zudem geplant: breitere Straßen, Strom und Wasseranschlüsse für alle Haushalte, Krankenhäuser und Schulen, Sozialeinrichtungen. Mukesh Mehta verspricht eine Zukunft als „erster ökologischer Stadtteil Indiens“: Kläranlagen, Ölentsorgung, Grünflächen und Spielplätze gehören zum Konzept.

Wie soll das gelingen? Investoren wurden weltweit zur Bewerbung aufgefordert. Sie sollen jeweils einen Teil des Slumgebiets entwickeln. Etwas vereinfacht bedeutet dies konkret, dass die Investoren die Bewohner eines Viertels von Dharavi innerhalb desselben Viertels umsiedeln und dort umsonst in Hochhäusern wohnen lassen müssen.

Die durch den Abriss frei werdenden Grundstücke dürfen die Investoren dann gewinnbringend verkaufen. Dafür müssen sie alles leisten, was normalerweise die Stadtverwaltung tun müsste, u. a. den Bau von Straßen, Krankenhäusern, Versorgungsleitungen, Nahverkehr, Schulen. Das Projekt soll dem Bundesstaat Maharashtra durch den Verkauf des Geländes und die Erteilung von Baugenehmigungen 2,3 Milliarden US-Dollar einbringen; der Reingewinn soll sich auf 1,5 Milliarden Dollar belaufen. Für die Umsetzung ist die staatliche Einrichtung *SRA – Slum Rehabilitation Authority* zuständig. Die gesetzliche Grundlage bildet der *Slum Rehabilitation Act* von 1971.

All das hört sich an wie eine echte Win-win-Situation, bei der alle Beteiligten profitieren. Gewinne für die Stadt und die Investoren, bessere Lebensbedingungen für die Slumbewohner. Oder etwa doch nicht? Ein genauerer Blick ist notwendig:

Teilhaben am Projekt sollten ursprünglich nur die Familien, die am 1.1.1995 ins Wählerverzeichnis eingetragen waren und immer noch in Dharavi wohnen. Dementsprechend sollten nur 57 000 Familien umsiedlungsberechtigt sein, das entspricht weniger als der Hälfte aller Bewohner (*Times of India*, 28.10.2009: 37 Prozent). Aufgrund massiver Proteste wurde der Stichtag nun auf den 1.1.2000 verschoben, sodass von einer etwas größeren Zahl Umsiedelungsberechtigter auszugehen ist.

Der Wohnraum ist zwar kostenlos, aber die Einwohner müssen Instandhaltungskosten bezahlen und *municipal taxes*, also städtische Steuern – dazu sind viele nicht in der Lage. Auch die Bewältigung der Bauphase ist problematisch: Theoretisch wird jede Familie für einen Zeitraum von etwa 18 Monaten mit Übergangswohnraum versorgt, entweder in oder in der Nähe von Dharavi, jeweils 20 000 Einwohner gleichzeitig. Der Bauinvestor muss die Kosten hierfür übernehmen. Allerdings: nur die Mietkosten! Die laufenden Kosten für Strom, Wasser, Telefon müssen von der Familie selbst getragen werden. Hierzu fehlen vielen Familien die Mittel, denn dies sind im Vergleich zur heutigen Situation zusätzliche Kosten.

Normalerweise ist gesetzlich vorgeschrieben, dass bei Slumsanierungsprojekten 60 Prozent der Bewohner eines Slumviertels einer Umsiedelung zustimmen müssen. Diese Regel wurde hier außer Kraft gesetzt mit der Begründung, es handle sich um ein Regierungsprojekt, sodass eine solche

Kontrollfunktion nicht notwendig sei. Laut Mukesh Mehta sind 90 Prozent der Bevölkerung für die Pläne, aber Umfragen einiger Interessensgruppen aus Dharavi deuten darauf hin, dass es weitaus weniger sein dürften.

Anstelle einer echten „aufsuchenden" Bürgerbeteiligung wählte man ein rein formales Vorgehen. Die Pläne wurden öffentlich ausgelegt und Anwohner angehört, sie durften aber nicht mitentscheiden.

Kritiker befürchten eine schwere Krise und eine überbordende Massenarbeitslosigkeit unter den Bewohnern. Diese haben Angst, ihr Dach über dem Kopf zu verlieren und ihr Gewerbe nicht mehr ausüben zu können. Die Zerstörung von Existenzgrundlagen könnte die Folge des Sanierungsprogramms sein, denn viele Läden und Betriebe sind auf Laufkundschaft angewiesen. Miniindustrien wie Gerber können nicht im sechsten Stock eines Wohngebäudes betrieben werden. Die neuen – sicherlich notwendigen – Umweltauflagen werden viele Kleinbetriebe niemals einhalten können.

Das derzeit größte Slumsanierungsprojekt Indiens erregt weltweit Aufsehen und wird mit großer Emotionalität diskutiert. Auch von Experten und Nichtregierungsorganisationen kommen harsche Vorwürfe. Kritisiert wird eine Zerstörung von Selbsthilfekräften: Ein Slum ist von außen betrachtet zumeist ein Desaster, für die Bewohner selbst kann ein Slum jedoch eine effektive Hilfe zur Selbsthilfe sein.

Und tatsächlich – noch sind die Abrissbirnen nicht angerückt. Der gesamte Prozess ist vielmehr durch große Verzögerungen gekennzeichnet. Mittlerweile haben auch mehrere lokale Politiker „kalte Füße" bekommen. Befürchtet wird eine Massenobdachlosigkeit, insbesondere all derer, die nicht umsiedlungsberechtigt sind. Angst hat man auch vor einer schlechten internationalen Presse, die potenzielle Investoren abschrecken könnte, und vor einem Verlust an Stimmen bei zukünftigen Wahlen. So kam es auch zu einer vorläufigen Einstellung des Bieterverfahrens für Investoren.

Es bleibt mehr als spannend zu beobachten, wie die Realisierung der Sanierungspläne für Dharavi sich weiterhin gestalten wird. Die Welt blickt auf Dharavi, könnte das, was dort passiert, doch Modellcharakter haben für viele Slumgebiete – nicht nur Indiens, sondern weltweit.

Die Backwaters – amphibische Landschaft an der Malabarküste

Wenn man sich auf den Straßen Indiens bewegt, wird man stets begleitet vom Eindruck räumlicher Enge und von der Vielzahl umgebender Menschen, Fahrzeuge, Gerüche und Geräusche. Die Sinne sind einer ständigen

Überforderung ausgesetzt, sodass nach ein paar Tagen das Bedürfnis nach ein wenig Ruhe und sAbstand erwacht. Diese innere Distanz kann man sich an mehreren Orten holen. Zum einen sicherlich in den Tempelanlagen, in denen es zumindest ruhiger als auf den Straßen zugeht. Zum anderen in den indischen Naturschutzgebieten und Nationalparks. Wem es auch dort noch zu voll und laut ist, sollte die Backwaters an der südwestindischen Küste aufsuchen. Nach einem Tagesausflug mit dem Boot ist man wieder zur Ruhe gekommen, gleichzeitig aber auch hier voll von neuen Eindrücken.

Bei den Backwaters handelt es sich um Aufschwemmungen einer geologisch gesehen jungen Küstenebene, welche von den Flüssen gebildet wird. Diese kommen vom Gebirgswall der Western Ghats, die weitgehend parallel zur Küste verlaufen. Die starke Sedimentation hat mehrere Ursachen: jahreszeitlich enorme Niederschläge, die sich in den Aufwinden des Südwestmonsuns als gewaltige Steigungsregen entladen, die tropische Wärme mit intensiver Verwitterung sowie das ausgeprägte Steilrelief mit enormer Reliefenergie. Dieser Prozess scheint sich in den zurückliegenden Jahrzehnten mit der fortschreitenden Rodung der Bergwälder noch gesteigert zu haben. In der sommerlichen Regenzeit ist der gesamte Küstenbereich daher ausgesprochen überschwemmungsgefährdet.

In den übrigen Monaten zeigt die Küstenebene dagegen ihr schönstes Gesicht. Die überwiegend ganzjährig Wasser führenden größeren Flüsse ermöglichen über Bewässerungssysteme einen ununterbrochenen Reisanbau mit bis zu drei Ernten im Jahr. Auch die Kokospalmen gedeihen hier bei feuchtheißem Klima und hohem Grundwasserstand üppiger als in anderen Regionen Indiens. Stärker als in anderen Gebieten des Landes ist man sich das ganze Jahr über hier sehr bewusst, sich nur noch wenige Breitengrade vom Äquator entfernt zu befinden.

Die Unterläufe und Mündungen der Flüsse bilden die natürlichen Wasserwege. Durch küstenparallele Meeresströmungen ist der Mündungsbereich oft durch einen Strandwall vom offenen Meer getrennt, sodass halboffene Lagunen mit brackigem Wasser entstehen. Der Mensch hat in dieses Mosaik aus Land und Wasser aber zusätzlich eingegriffen und neue Wasserwege in der amphibischen Landschaft geschaffen.

Um dies zu verstehen, muss man etwas weiter in die Kolonialgeschichte dieser Küstenlandschaft zurückgreifen. Die Portugiesen hatten als erste Europäer den Seeweg nach Indien für sich erschlossen und brachten die Malabarküste unter ihre koloniale Abhängigkeit. Diese Kolonie brachte der portugiesischen Krone enorme Einkünfte aus dem Gewürzhandel mit Pfeffer, Muskat und Zimt. Etwa um die Mitte des 17. Jahrhunderts wurde diese attraktive Kolonie den Portugiesen von den Holländern „abgenommen“. Die

Bootsfahrt zur Schule.

Holländer allerdings waren mit flachen Küstenlandschaften erfahrener und hatten schon lange den Deichbau wie den Kanalbau entwickelt.

Um die Plantagenprodukte einzusammeln und den großen Überseehäfen zuzuführen, war die küstenparallele Schifffahrt denkbar ungeeignet. Die kleineren Häfen versandeten leicht und waren während des heftigen Sommermonsuns mit starken Stürmen und heftiger Brandung kaum benutzbar. Gerade kleine Boote kenterten da leicht mit Verlust von Mann und Ladung. Die Holländer lösten das Transportproblem, indem sie nach heimischem Vorbild Kanäle bauten. Diese liegen parallel zur Küste und sind oft nur wenige Meter breit. Das fast völlig ebene Tiefland sowie die billige Arbeitskraft der kastenlosen Kulis erleichterten die Anlage dieser kleinen Wasserstraßen. Bewegt wurden die Kähne mit Hilfe langer Stangen, welche in den weichen morastigen Grund gestoßen wurden. Da diese Wasserstraßen oft fast die einzigen durchgängigen Transportwege darstellten, folgte auch die Besiedlung vielfach den Kanälen. Um sich also ein Bild von Landschaft und Siedlung dieser Region zu verschaffen, muss man schon die Kanäle selbst benutzen. Sie entführen den Besucher in eine „andere Welt".

Die noch vor wenigen Jahrzehnten an der Meeresseite auffindbaren natürlichen Korallenriffe und Mangroven (immer streng im Wechsel, da Erstere Klarwasser, die anderen Schlammfracht der Flussmündungen benötigen) sind heute zwar weitgehend verschwunden. Sie wurden Opfer der Nutzungsintensivierung durch zunehmenden Bevölkerungsdruck. Aber Strandwälle wechseln mit offenen Wasserflächen, in Küstennähe stärker vom Meer, zum Festland hin eher von Flüssen geprägt. Kokospalmen säumen alle Ufer und vertragen auch unterschiedlichste Salzkonzentrationen im Wasser. Zwischen den Stämmen der Palmen sieht man je nach Jahreszeit das üppige Grün junger oder das satte Gelb reifer Reisfelder hindurchschimmern. Vor allem begegnet man in der Nähe der Flüsse, Kanäle und Lagunen stets Menschen, die das offene Wasser nutzen: vorzugsweise zum Baden, zum Wäschewaschen oder eben als Transportweg mit Hilfe einer Vielzahl an improvisierten Flößen oder Kleinbooten. Die Aufbauten dieser Boote sind oft noch in traditioneller Weise aus Reis- oder Palmstroh geflochten.

Auch für Naturbeobachtungen lassen sich die Backwaters gut nutzen, wobei mehrere Arten von Reihern und Eisvögeln (Kingfisher) besonders auffallen. Überhaupt lässt sich bei den Backwaters oft noch weniger als bei anderen Landschaften klar trennen, was jeweils Natur und was Kultur ist. Beides hat einander untrennbar durchdrungen.

Die Malabarküste ist zum Arabischen Meer und damit zum islamischen Orient hin ausgerichtet – aber auch nach Europa. Über das Meer kamen, wie später Portugiesen und Holländer, schon die Araber. Die Einflüsse fremder Völker spiegeln sich heute in einer Vielfalt der Religionen. Immer wieder fallen neben den Wasserstraßen die christlichen Kirchen auf ebenso wie die Moscheen und die Hindu-Tempel. Hindus, die sonst in nahezu allen Teilen Indiens die große Mehrheit der Bevölkerung bilden, sind hier in eine Minderheitenposition geraten. Immer wieder begegnet man in den Morgenstunden und um die Mittagszeit auch Gruppen von Kindern in Schuluniformen, die in Booten den täglichen Weg zur Schule zurücklegen. Mit anderen Worten: Man ist ausgefüllt von Beobachtungen und Eindrücken, hat aber auf seinem „eigenen Boot" auch Abstand zu den Menschen, während die ruhige Oberfläche des Wassers den Transport der Geräusche zulässt, aber gleichzeitig auch dämpft.

In den vergangenen Jahren haben Reiseveranstalter die Backwaters als Ereignis entdeckt, und es hat sich ein gewisser Backwater-Tourismus entwickelt, auf den sich eine ganze Anzahl von Bootvermietern eingestellt hat. Von einem kleinen Stocherkahn zu zweit bis hin zu einer Großreisegruppe auf einer ansehnlichen Motorbarke lässt sich fast jedes Gefährt für einen halb- oder ganztägigen Ausflug mieten. Das Zentrum der Backwaters zwischen Kochi (Kochin) und Alleppey wird unter dem Einfluss des zunehmenden Touristenverkehrs in absehbarer Zeit aber viel von seinem Reiz verlieren, und man wird neue Regionen der Backwaters für den Tourismus erschließen

Traditionelles Boot mit Kokos-Flechtwerk.

müssen. Erstaunlicherweise sind fast ausschließlich westliche Touristen in den Backwaters unterwegs. Den Einheimischen scheint das Gebotene nicht spektakulär genug.

Madurai – eine indische Tempelstadt

Historisch gesehen ist die Stadt als Siedlungsform aus dem Nordwesten nach Indien gekommen. Im heutigen Mittleren Osten mit Schwerpunkt im Zweistromland, dem heutigen Irak, konnte sich die Hochkultur über Persien nach Indien ausbreiten. Bereits im 3. Jahrtausend v. Chr. (Kulke u. Rothermund 1998) entstand die Indus-Kultur, die von Nordwestindien aus nach Osten und Südosten ausstrahlt.

Als die europäischen Mächte um 1500 auf dem Seeweg nach Indien gelangten, fanden sie also bereits eine blühende Stadtkultur vor sowie eine Entwicklungsstufe der wirtschaftlichen und technischen Kultur, die der europäischen Kultur in diesem Zeitraum insgesamt nicht nachstand.

Viele dieser frühen indischen Städte sind als Tempelstädte angelegt worden, so etwa das südindische Madurai. Die Stadt mit ihren rund 1,5 Millionen Einwohnern ist ein pulsierender Mittelpunkt für ein weites Umland. Im Zentrum der Stadt steht der Sri-Menakshi-Tempel. Eine indische Tempelanlage besteht in der Regel nicht nur aus einem einzelnen Gebäude wie etwa eine Kirche, eine Synagoge oder eine Moschee, sondern stellt einen ganzen Tempelbezirk dar. Dieser Bezirk kann je nach Größe der Anlage eine Fläche von mehr als einem Hektar umfassen und enthält in lockerer Gruppierung die Schreine der einzelnen Gottheiten, entweder als isolierte Gebäude oder in einem gesamtarchitektonischen Zusammenhang. Für Südindien zudem bezeichnend sind die bis zu 50 Meter hohen Tempeltürme an den Eingangstoren zum Tempelbezirk. Diese Tempeltürme besitzen eine spitz zulaufende Pyramidenform. Die Fassaden sind über und über mit Tonfiguren bedeckt, welche die Sagen der indischen Mythologie wiedergeben. Die Tempeltürme haben dadurch eine innere Differenziertheit und Vielfalt, welche die Fassaden eines gotischen Domes noch übertrifft, ohne allerdings so überladen wie manch europäische Barockkirchen zu wirken. Dies liegt wohl auch daran, dass diese Tonfiguren annähernd gleich groß sind und von der Ferne betrachtet eine in sich geschlossene und harmonische Oberfläche abgeben.

Die Tonfiguren der Tortürme waren ursprünglich meist bunt bemalt, wobei die Farbe der Verwitterung durch den feuchtwarmen Sommermonsun schon

Was eigentlich ist eine Stadt?

Städte als „geballter Ort" menschlichen Zusammenlebens und als „Zentrale Orte" (Christaller 1933) für produzierendes Gewerbe und für Dienstleistungen sind uns aus unserem Lebensumfeld so geläufig, dass wir sie zumeist nicht mehr in ihrer Existenz hinterfragen. Dennoch ist die Existenz von Städten alles andere als selbstverständlich. Städte erfordern eine gewisse Entwicklungsstufe der materiellen Kultur. Genauer gesagt: Sie erfordern die Existenz einer Hochkultur. Allein die Sesshaftwerdung des Menschen, verbunden mit Landwirtschaft, bringt noch keine Städte hervor. Notwendig für die Städtebildung ist eine erhöhte Produktivität der Landwirtschaft, welche Überschüsse an landwirtschaftlichen Gütern erzeugen muss, damit Städte buchstäblich „ernährt" werden können. Städte erfordern aber auch Verkehrswege in die nähere und weitere Umgebung, damit sie ihre zentralen Funktionen für dieses Umland wahrnehmen können. Je intensiver und umso ausgedehnter die Einbindung in das Umland ausgebaut ist, desto stärker kann eine Stadt ihre zentralen Funktionen wahrnehmen und sich weiter entwickeln.

bald zum Opfer gefallen ist. Die Erdfarbe der Rot- oder Ockertöne spricht den europäischen Betrachter am meisten an. Ein öffentlich heftig geführter Meinungsbildungsprozess hat allerdings vor einigen Jahren dazu geführt, dass die Tortürme im wohl der Urfassung angenäherten Stil farbig neu bemalt wurden.

Teile des Menakshi-Tempels erscheinen „in neuer Pracht".

Im Kern eines Tempelbezirks liegt ein heiliger Teich für religiös-zeremonielle Waschungen. Das stehende Wasser ist meist algengrün und ein Brutplatz für Moskitos und lädt Europäer wenig zum näheren Kontakt ein. Auch hier begegnet dem Besucher die für indisches Denken kennzeichnende Unterscheidung zwischen epidemiologischer Reinheit, welche den europäischen Hygieneregeln entsprechen würde, und kultischer Reinheit, welche bei den Tempelteichen sehr wohl gegeben ist.

Zu einem Tempelbezirk gehört aber auch eine Art Einkaufsstraße, in der Devotionalien und Opfergaben wie Lebensmittel und Blumenketten zu erwerben sind. Diese Ladenstraße mit Dutzenden von kleinen kioskartigen Läden wird vom Tempel vermietet und stellt neben religiös motivierten Spenden die Haupteinnahmequelle für den Tempel sowie für die dort lebenden Priester dar.

Im Vergleich zu den Straßen einer indischen Großstadt, wo man buchstäblich nie allein ist, stellt ein Tempelbezirk eine ruhige Umgebung dar, selbst dann, wenn man auch hier oft dicht unter Menschen steht. Im Vergleich zum hektischen Treiben auf den indischen Straßen geht es hier recht leise und gemächlich zu.

Die Schreine der einzelnen Gottheiten sind in der Regel ziemlich unauffällige grottenartige Raumerweiterungen und bei weitem nicht so eindrucksvoll wie die Tempeltürme. Bildhauerisch oft arm ausgestattete Götterfiguren thronen etwas erhaben über den Gläubigen, die hier ergeben in Reihe anstehen, bis sie für das Gebet oder die Opfergabe unmittelbaren Zutritt haben. Anders als noch vor einigen Jahren findet sich an dieser Stelle oft die Aufschrift „Hindus only". Dieser Ausschluss anderer Religionen ist erklärungsbedürftig. Da der Hinduismus keine einheitliche Lehre aufweist, sondern vor allem den lokalen Kastentraditionen folgt, ist eine fixe Zuordnung zu einer hinduistischen Glaubensgemeinschaft zumindest schwierig. Ein andersgläubiger Tempelbesucher kann somit nur schwer ausgeschlossen werden. „Hindus only" ist vor allem so zu verstehen, dass der flüchtige Besucher, der mal kurz einen Blick in den Schrein wirft und möglichst noch ein Foto macht, nicht gerne gesehen ist. Wenn allerdings jemand, der nicht der Hindu-Tradition entstammt, ernsthaftes Interesse zeigt, einen Moment in Ehrfurcht verharrt oder gar ein Gebet spricht und eine Opfergabe niederlegt, muss er den Hinweis „Hindus only" nicht als persönlichen Ausschluss empfinden. Traditionell ist der Hinduismus als polytheistische Religion gegenüber allen anderen Religionen tendenziell sehr tolerant. Wo es dennoch zu Konflikten kommt, wie zwischen Muslimen und Hindus, hat dies eher politische Gründe.

„Software City"

Bangalore ist heute mit rund zehn Millionen Einwohnern der vielleicht dynamischste Großraum Indiens. Die einst eher provinzielle Stadt hat sich zur viertgrößten Metropole des Landes – nach Mumbai (Bombay), Delhi, Kolkata (Kalkutta) – entwickelt und damit Chennai (Madras) als das bisherige

Bangalore im indischen Software-Szenario (in Mio. US-Dollar)

Jahr	Bangalore	Indien
1991-92	60	174
1992-93	103	220
1993-94	170	314
1994-95	230	481
1995-96	310	670
1996-97	470	1000
1997-98	750	1650
1998-99	870	2180
1999-2000	1000	3600
2000-01	1580	5300
2001-02	2060	6200
2002-03	2550	7550
2003-04	3400	8800
2004-05	4200	12400
2005-06	5000	17500

Quelle: Indian Department of Electronics, annual report; dataquest (India) survey 2007

Bangalores Altstadt: Der City Market.

Zentrum Südindiens überrundet. Dieser Wettbewerb der südindischen Metropolen geht auch mit einer wirtschaftlichen Branchenverschiebung einher. Während die traditionelle Hafenstadt Madras vom Güterexport lebte und lebt, hat heute der Dienstleistungsbereich gegenüber der Produktion und dem Transport von Gütern stark an Bedeutung gewonnen. Gerade aber für Dienstleistungen im Bereich von Softwareherstellung und Kommunikation ist Bangalore der vielleicht weltweit wichtigste Standort geworden.

Die ersten Entwicklungen seit den 1980er Jahren spielten sich zunächst nahe dem Kern der Millionenstadt ab. Die dynamische Entwicklung zwang jedoch schon bald zu stadtrandorientierten Standorten entlang der großen Ausfallstraßen, die heute durchgehend mehrspurig ausgebaut sind. Ein neuer großer Flughafen im Südosten der Stadt wurde erst 2008 in Betrieb genommen. Zwischen dem neuen Flughafen und der Stadtmitte in einer verkehrstechnisch äußerst günstigen Lage entsteht derzeit „Electronics City" als das größte neue Gewerbegebiet der Stadt. Hier liegen großzügige Firmenanwesen, in Rasen und tropische Gärten gebettet, deren Anlage über-

Die moderne westliche City von Bangalore.

haupt keinen Eindruck von Indien aufkommen lässt, sondern eher an einen Firmencampus in Südkalifornien oder in Florida erinnert.

Traditionelles Indien gibt es aber dennoch im Altstadtkern um den „City Market". Auch die fast den ganzen Tag dauernde Rushhour mit zäh fließendem oder ganz stockendem Verkehr ist typisch für alle großen indischen Städte. Häufig wird den Stadtplanern der Vorwurf gemacht, nicht rechtzeitig die Verkehrsinfrastruktur erweitert zu haben. Man muss allerdings berücksichtigen, dass Bangalore eine gewaltige Zuwanderung vom Land und aus kleineren Städten aufweist. Nicht nur und nicht vorwiegend Techniker und Informatiker sind auf der Suche nach Arbeit gekommen. Vor allem wenig Qualifizierte hoffen darauf, irgendwo, eventuell auch im informellen Sektor, einen Job zu finden. Das hat dazu geführt, dass sich die Einwohnerzahl in jedem der zurückliegenden Jahrzehnte nahezu verdoppelt hat. Dem Ungleichgewicht in den Einkommen entspricht auch die Dualität zwischen dem westlich orientierten Zentrum im Bereich Mahatma-Gandhi-Road und Brigade-Road mit Luxusgeschäften und teuren Hotels einerseits und dem City Market als altem Stadtkern mit vielen kleinen Läden und preiswerten Gebrauchsgütern andererseits.

Die Softwareproduktion wird heute nicht nur von ausländischen Firmen getragen, die hier neue Produkte entwickeln lassen. Auch indische Unternehmen, die häufig von Rückwanderern vor allem aus den USA gegründet wurden, sind beteiligt. Daneben gibt es Callcenter und Internet-orientierte Dienstleistungen. So haben mehrere deutsche Firmen bereits einen Teil ihrer Buchhaltung hierher verlagert.

Man fragt sich unwillkürlich: Warum gerade Bangalore? Neben einem angenehmen Klima –nicht zu feucht in der Regenzeit, geringere Hitze in nahezu 1 000 Metern Meereshöhe – sind es vor allem regionale Verwaltungsfunktionen bereits der britischen Kolonialzeit, die in Bangalore konzentriert wurden. Dies führte zum frühen Ausbau des Schul- und Hochschulwesens. Auch hat sich hier bereits frühzeitig ein industrieller Schwerpunkt entwickelt (Seidenindustrie, Maschinenbau), der den nachfolgenden wirtschaftlichen Aufschwung begünstigt hat.

15 Indische Kunst und indisches Kunsthandwerk

Indische Kunst ist anders!

Kunst in Indien ist traditionell vornehmlich sakrale Kunst. Die indische Religion ist im Gegensatz etwa zum Islam oder zum christlichen Protestantismus ausgesprochen bilderfreudig. Die Tempelanlagen sind oft von bildhauerischen und keramischen Arbeiten geradezu übersät (vgl. auch den Abschnitt über Madurai). Jeder größere Tempel beschäftigt zahlreiche Künstler und Handwerker. Dem Tempel ist oft ein Markt für Kunsthandwerk angegliedert. Dazu kommen zahlreiche religiöse Feste über das gesamte Jahr hinweg, die oft mit unglaublich großem Aufwand an kunsthandwerklichen Darstellungen einhergehen, angefangen bei den rasch verderblichen Blumenketten, die jeden Tag wieder neu geflochten werden.

Anders als die moderne westliche Kunst definiert sich Kunst in Indien nicht so sehr als individuelle Schöpfungsleistung. Kunst in der indischen Tradition ist eher die schulische Nachbildung bestimmter Stile unter Anleitung eines anerkannten Meisters. In einer vorgegebenen Stilrichtung kommt es darauf an, diese zur Perfektion zu bringen. Kenner sind meist trotzdem in der Lage, eine individuelle „Handschrift" festzustellen. Weil Kunst also traditionell eher handwerklich ausgerichtet ist, kann man zwischen Kunst einerseits und Kunsthandwerk andererseits kaum trennen.

In Europa ist dies das ganze Mittelalter hindurch ähnlich gewesen. Kunst wurde im Wesentlichen handwerklich-schulisch erlernt und diente weitgehend Religion und Kirche. Erst als es im Zuge der europäischen Aufklärung

◄ Einer der beeindruckenden rund 50 m hohen Tempeltürme des Sri-Menakshi-Tempels in Madurai. Der Turm ist über und über mit bunt bemalten Tonfiguren als Darstellungen aus der hinduistischen Mythologie überzogen.

zu einer stärkeren Autonomie des bürgerlichen Individuums kam, schlug sich das Verständnis künstlerischen Schaffens als eines individuellen Aktes vermehrt nieder. Verstärkt hat sich diese Tendenz mit der industriellen Massenproduktion seit dem 19. Jahrhundert, durch welche es plötzlich möglich wurde, aufwendige und damit teure kunsthandwerkliche Arbeiten zu imitieren und billig in Massen zu produzieren. „Chinesische" Vasen und „antike" Statuetten bevölkerten nun in Massen kleinbürgerliche Wohnzimmer und Vorgärten. Anstelle der kunsthandwerklichen Arbeit trat der Schein derselben. Kunst, wollte sie weiter bestehen bleiben, musste sich vom produzierenden Handwerk trennen, das in der mechanisierten industriellen Produktion aufging. Kunst hatte nur noch dort ihren Wert, wo entgegen der Tradition etwas konzeptuell Neues geschaffen wurde. Genauer gesagt, besteht der Wert der Kunst in heutiger Zeit nicht mehr in der Nachbildung eines Gegenstandes, überhaupt nicht mehr im Gegenstand selbst, sondern in eben diesem neuen

Ambulantes Theater

In den ländlichen Gebieten Indiens ist eine ausgesprochen mobile Form des Theaters üblich, die an den europäischen Zirkus erinnert. Die Akteure bauen für wenige Tage ein großes Zelt auf mit oft hunderten von Sitzplätzen in der Bauart von Campingstühlen, die zur Vermeidung von Diebstählen mit einer Metallkette festgebunden sind. Als Darsteller treten durchweg Angehörige der niederen Kasten (Schudras) oder Kastenlose auf. Sie bewohnen ein zweites, weniger geräumiges und niedrigeres Zelt, wo sie sich oft stundenlang mit Schminken und Kostümieren auf ihre Auftritte vorbereiten und zudem während der oft monatelangen Theatersaison wohnen. Wie in Indien unter den zumeist vorherrschenden einfachen Verhältnissen üblich, spielt sich dies alles dicht gedrängt und auf dem Fußboden ab.

Die meisten Schauspieler sind in der sommerlichen Regenzeit als Bauern oder als Landarbeiter auf den Feldern tätig. Theater gespielt wird daher in der winterlichen Trockenperiode.

Im Zentrum der Theateraufführungen stehen die Erzählungen der indischen Mythengeschichte, insbesondere Ramayana und Mahabharata. In beiden Epen geht es um die Durchsetzung des Helden und seiner Familie im Kampf gegen verfeindete Geschlechter. Der Kampf findet allerdings auf der Bühne nicht statt. Stattdessen werden die Theateraufführungen von monoton wirkenden Dialogen beherrscht. Die Texte dieser Dialoge sind den Zuschauern weitgehend bis in die Feinheiten bekannt. Umso mehr achten sie auf ironische Brechungen und auf Variationen.

Die Darsteller tragen durchweg Gesichtsmasken oder sind grell geschminkt, sodass eine gewisse Fernwirkung auch noch in dreißig Metern

ideellen Konzept. Nicht mehr das vom Künstler geschaffene Kunstwerk macht als solches den Wert von Kunst aus, sondern das intellektuelle Konzept, das sich hinter dem Kunstwerk verbirgt oder sich in diesem spiegelt.

Natürlich ist auch die Industrie als Massenproduktion von Gütern längst in Indien eingezogen. Die moderne indische Kunst besitzt eine ganz ähnliche Selbstdefinition wie moderne westliche Kunst und ist auch dieser gegenüber ausgesprochen „anschlussfähig". Gleichzeitig hat aber die sakrale Kunst, stärker auf dem Land als in der Stadt, besser als in Europa überlebt. Auch dies ist eine Facette der Ungleichzeitigkeit Indiens.

Dieser gedankliche Vorspann ist unbedingt erforderlich, weil man sich diese Unterschiede stets vor Augen halten sollte und indische traditionelle Kunst eben nicht am Vorbild der modernen europäischen Kunst messen darf. Tut man dies ohne Vorkenntnis, wird indische Kunst als handwerksnah, gegenständlich und intellektuell minderwertig zwangsläufig abqualifiziert.

Distanz zu den Zuschauern besteht. Feinheiten der Mimik würden bei den großen Zelthallen ohnehin vom Zuschauer nicht registriert werden. Für den europäischen Zuschauer, der die Sprache nicht versteht, stellen die farbig-fantasievollen Masken die eigentliche Faszination der Aufführung dar. Anders als in europäischen Aufführungen bewegen sich die Darsteller während der Aufführung kaum von der Stelle, weshalb bei den europäischen Betrachtern der Eindruck einer gewissen Monotonie aufkommt.

Bei den Aufführungen, die oft sechs bis zehn Stunden kontinuierlich andauern, gibt es keinen eigentlichen Anfang und kein Ende. Gruppen von Besuchern zahlen ihren Eintritt, nehmen zwei, drei oder auch vier Stunden an den Vorführungen teil und gehen wieder, bevor Langeweile aufkommt. Im Publikum herrscht durch dieses ständige Kommen und Gehen stets eine gewisse Unruhe.

Das ambulante „Zirkus"-Theater ist von verschiedenen Seiten her bedroht. Zum einen durch das mittlerweile fast allgegenwärtige Fernsehen, wo mit ungleich aufwendigeren technischen Möglichkeiten und filmischen Tricks die Illusion perfekter inszeniert wird. Die andere Gefahr stellt eigentlich eine Erfolgsgeschichte dar: der zunehmende Ausbau der winterlichen Bewässerung in der Landwirtschaft. Dadurch haben die Arbeitskräfte ganzjährig Beschäftigung und in der winterlichen Trockensaison keine Zeit mehr zum Theaterspielen.

Allen Widrigkeiten zum Trotz ist das ambulante Theater aber gerade in ländlichen Räumen noch sehr präsent und stellt immer noch einen gewissen Höhepunkt im Leben der Landbewohner dar, wenn zu den Auftritten von weither die Zuschauer herbei kommen.

Da indische Kunst nach dem eben Gesagten handwerksnah und gegenständlich ist, spielen die Materialien, aus denen Kunst und Kunsthandwerk entsteht, eine ganz entscheidende Rolle. Entsprechend kann nach Kunstrichtungen wie Metallgussarbeiten, Holzschnitzereien und Seidenmalereien unterschieden werden. In vieler Hinsicht werden in allen diesen Kunstgattungen Jahrhunderte alte Stile nur wenig variiert. Beim Besuch des äußerst sehenswerten Prince-of-Wales-Museums (heute: Chhatripati-Shivaji-Maharaj-Vastu-Sangrahalaya) in Mumbai fällt auf, dass die Exponate sich oft nur in der Qualität von den käuflichen Stücken im Kunstgewerbeladen um die Ecke unterscheiden.

Hindu-Gottheiten werden oft mehrarmig dargestellt, um ihre Macht zu symbolisieren. Kunst ist in Indien traditionell sakral ausgerichtet.

Ramayana

Das Versepos, das in seiner jetzigen Form wohl etwa zweitausend Jahre alt ist, wurde vermutlich zuvor schon jahrhundertelang in mündlicher Form überliefert. Die Handlung vereint den Kampf des Helden um Frau und Thron mit einer Liebesgeschichte, sodass sie ausgesprochen Kino-kompatibel ist und auch westliche Leser anspricht.

Sita, die Gattin des Königssohns Rama wird durch den Schurken Ravana entführt, und zwar vom nordindischen Ayodhya nach Ceylon (heute: Sri Lanka). Aufgrund der großen Entfernung und zahlreicher Kämpfe dauert es einige Jahre, bis Rama und seine Frau Sita wieder vereint sind. Wie bei großen Mythologien üblich, etwa der Odyssee oder der Ilias, greifen übersinnliche Mächte, in diesem Fall Götter und Dämonen, in das Schicksal der Menschen hemmend oder begünstigend ein.

Da auf den Reisen Ramas fast alle Großregionen Indiens berührt werden, ist das Ramayana zu so etwas wie einem nationalen Epos der Inder geworden. Der Handlungsverlauf sowie die entscheidenden Dialoge sind fast allen Indern von Jugend an geläufig.

Rabindranath Tagore (Thakur), 1861–1941

Rabindranath Thakur, oder Tagore, wie er noch häufiger in Europa genannt wurde, kam in Kalkutta als Kind einer einflussreichen Brahmanenfamilie zur Welt. Seine Identität als Dichter fand er später vor allem in der Verknüpfung von bengalisch-ortsgebundener, gesamtindischer und englisch-internationaler Identität. Ein Studium in England machte es ihm möglich, seine ursprünglich in der wichtigen nordostindischen Sprache Bengali entstandenen Werke auch ins Englische zu übersetzen. 1913 erhielt er den Nobelpreis, was damals für einen Vertreter einer nichtwestlichen Kultur eine Sensation bedeutete. Beeindruckend ist neben der Menge und Qualität seiner literarischen Produktion die große Breite seines Werkes. Tagore war sowohl Lyriker als auch Dramatiker und Epiker, daneben Zeichner und Initiator pädagogischer Projekte.

Tagore bezog durchaus Position im indischen Freiheitskampf, er ließ sich aber nicht vereinnahmen, sondern stellte sein künstlerisches Engagement in den Mittelpunkt. So konnten beide Seiten sich mit ihm identifizieren, und ihm wurde bis in die Gegenwart hohe Anerkennung zuteil. Auch in der internationalen Welt gilt er als der bedeutendste moderne Schriftsteller und Dichter Indiens.

Rabindranath Tagore. Selbststilisierendes Porträt in der Art von Jesus-Darstellungen alter italienischer Meister.

Indische Architektur

Bei der Größe des Landes und der Bandbreite an Regionen und kulturellen Einflüssen überrascht es nicht, dass auch die bauliche Kultur Indiens sehr vielfältig ist.

Die Alltagsebene des Bauens in den Städten und Dörfern war stets von Zweckmäßigkeit und Schlichtheit geprägt. Das typische Bauernhaus besteht seit jeher weitgehend aus luftgetrockneten Lehmziegeln mit einem Satteldach aus Reisstroh, im Südwesten aus Palmblättern. Heute ist meist das Naturdach durch ein Ziegeldach, durch Wellblech oder durch eine Kunststofffolie ersetzt worden. In den Städten überwiegen ebenfalls zweckmäßige Bauten, die aber bis auf die feuchtesten Regionen im Südwesten und Nordosten meistens Flachdächer haben. Hier schlagen sich Einflüsse der islamisch-orientalischen Kultur nieder. Während die ländlichen Siedlungen, zumal sie meist in eine üppige tropische Agrarlandschaft eingebunden sind, durchaus einen idyllischen Anstrich haben, wirken die Städte auf die meisten Europäer trostlos.

Neben dieser zweckmäßigen Alltagsarchitektur gibt es noch die Palastbauten und die sakrale Architektur.

Da Indien bis in die Zeit der britischen Herrschaft hinein territorial zersplittert und von vielen Sultanen und Maharadschas beherrscht war, sind auch viele Herrscherpaläste entstanden. Besonders diese spiegeln den

Das Taj Mahal als führendes Zeugnis indischer Baukunst.

islamisch-orientalischen Einfluss wider. Überdies haben Indien, der islamische Orient und die europäische Antike stets in einer gewissen Verbindung gestanden. So finden sich in den Maharadscha-Palästen durchaus auch aus unserer eigenen Kultur bekannte Elemente wie etwa eindrucksvolle Säulengänge. Selbst die uns aus dem Barock bekannten Putten als nackte Kinderengelfiguren lassen sich, etwa im Palast des Sultans von Mysore, wiederfinden.

Originäre „vorislamisch"-indische Architektur ist vor allem in den hinduistischen Tempelbauten zu besichtigen. Tempel bilden oft entweder den Mittelpunkt einer Stadtanlage (Beispiel: Madurai) oder sind in luftiger Höhe auf der Spitze eines Berges gelegen. Vielfach werden auch Naturhöhlen oder Stollen als Tempelanlagen genutzt, z. B. auf der Insel Elephanta bei Mumbai. Besonders eindrucksvoll sind die hohen Tempeltürme Südindiens, von denen es anders als bei christlichen Sakralbauten überwiegend mehrere in einer Tempelanlage gibt.

Anders als in vorwiegend islamisch geprägten Gesellschaften, wo die Darstellung von Menschen – je nach Interpretation des Korans – untersagt

Der Hinduismus hat sich über Jahrtausende hin allmählich aus Naturreligionen entwickelt. Naturdenkmale wie Grotten und Höhlen spielen im Hinduismus daher auch heute noch eine große Rolle, oft auch künstlich geschaffene wie auf Elephanta Island (bei Mumbai).

ist, konnte sich in Indien ein reiches bildhauerisches und plastisches Gestalten frei entfalten. Die Paläste und Tempelbereiche sind voll davon. Diese Sinnenfreude bezieht auch den europäischen Reisenden mit ein und lässt die Begegnung mit darstellender Kunst und Architektur zu einem Erlebnis werden.

Bollywood

Vielfach kann man lesen, dass die indische Filmindustrie die größte der Welt ist. Das hängt davon ab, wie man Größe misst. Sie ist diejenige nationale Filmproduktion mit dem größten Ausstoß an Filmen und mit der größten Zahl beteiligter Darsteller. Im Vergleich zu Hollywood ist dagegen der finanzielle Aufwand, vor allem pro Film gerechnet, bescheiden.

Unter Bollywood im engeren Sinne versteht man mehr oder weniger seichte Unterhaltungsfilme. In Indien hat es dagegen immer schon ein Kontrastprogramm auch sehr anspruchsvollen Kinos mit geringeren Zuschauerzahlen gegeben, das sich in den vergangenen Jahrzehnten immer mehr dem westlichen Markt geöffnet hat. *Salaam Bombay!* (1988) und *Slumdog Millionär* (2008) können als prominente Beispiele gelten. Letzterer ist weniger ein indischer Film als ein Film über Indien.

Oft wird die Eigenständigkeit des indischen Kinos betont. Insbesondere spielen Musik und Tanz im Vergleich zu Handlungs- und Dialogszenen eine gleichwertige, wenn nicht überragende Rolle. Wem die Handlungsstränge allzu simpel erscheinen, sollte bedenken, dass analytische Filmbetrachtung eher westlichem Denken entspricht. Dass die Dialoge nicht passen oder die Filmhandlung sich widersprüchlich zeigt, stört das indische Publikum viel weniger, als es ein westliches Publikum stören würde.

Bollywood spielt ohnehin in einer letztlich untypischen Traumwelt, in die durchaus Elemente des indischen Alltags einfließen, aber auch solche aus den Schweizer Alpen oder von New York City. Es ist die Welt der schicken Autos und der großzügigen Wohnhäuser mit üppigen Einrichtungen, die von überwiegend jungen und schönen Menschen bewohnt werden. Insofern ist die Traumwelt Bollywoods Hollywood nicht ganz und gar unähnlich. Wie in diesem kreisen auch hier die Themen um Action und Abenteuer, Verbrechen und Rache, große Emotionen, Liebe und Sex.

Sex ist fast in allen Filmen Thema, auch wenn diese mit wenig nackter Haut auskommen. Sexualität wird im Vergleich zu westlichen Filmen von den Darstellerinnen eher durch Stimmführung und Körperausdruck vermittelt. Die Rollenaffinität zwischen „Frau“ und „Schönheit/Sexualität“ ist im indischen Film in der Regel noch enger als im Westen. Diese Zuordnung ist jedoch weniger durch die Traditionen der indischen Gesellschaft bestimmt, sondern eindeutig westlichen Anregungen zu verdanken. Die Auswirkungen dieser historisch neuen Definition von Frauen über Sexualität werden die Selbstsicht der Inderinnen sowie ihre Rolle in der Gesellschaft in den kommenden Jahrzehnten sehr stark verändern. Dieser Prozess ist ausgehend von den Städten bereits im vollen Gange.

Es lohnt sich durchaus, als Indienreisender an einer Kinoaufführung teilzunehmen, auch wenn man von Sprache und Handlung des Films nicht viel versteht. Erstens, wie gesagt, sind Musik und Tanz zentral und können auch ohne Hindi-Kenntnisse verfolgt werden. Daneben sollte man zumindest einen Teil der Aufmerksamkeit auf das Publikum legen, das den Film begeistert mitverfolgt und die Filmmelodie oft mitsingt.

Die Sprache Bollywoods ist die große nordindische Sprache Hindi. Der wichtigste Produktionsort sind die Studios in Mumbai (Bombay). Das Wort „Bollywood" selbst ist schließlich eine Zusammensetzung aus „Bombay" und „Hollywood". Bereits in Bombay als Teil des Bundesstaates Maharashtra aber wurde und wird vorwiegend Marathi gesprochen und nicht Hindi. Noch größer ist der Sprachgegensatz zu den südindischen Dravida-Sprachen. Nach der Unabhängigkeit hat es große Widerstände im Süden Indiens gegeben, die nordindische Sprache Hindi zur Nationalsprache zu erklären. Im Verkehr der verschiedenen Sprachen und Staaten sowie im Bereich der Gerichtsbarkeit und der bundesstaatlichen Verwaltung ist bis heute Englisch, die Sprache also der eher ungeliebten Kolonialherren, die allgemeine Verständigungsbasis geblieben. Durch die wachsende Bedeutung der Bollywood-Filme deutet sich nun ein bezeichnender Umschwung an: Hindi als Sprache von Kino und Fernsehen wird auch im Süden zunehmend geläufig. Vielleicht liegt hier die Grundlage einer wirklichen zukünftigen Nationalsprache Hindi für Gesamtindien. Ähnliche Beobachtungen kann man übrigens auch in Süddeutschland machen, wo der Vorbildcharakter von Radio- und Fernsehmoderatoren mehr als jeder andere Einfluss zu einer raschen Verdrängung der Dialekte bei der nachwachsenden Generation führt und dem Hochdeutschen den Weg gebahnt hat. So oder so: Bollywood wird das gegenwärtige Indien noch gewaltig verändern.

16 Indien – ein ideales Reiseland?

Indien hat seit Jahrhunderten die Fantasie vieler Menschen gerade in Deutschland angeregt und positive Assoziationen des geheimnisvollen Orients ausgelöst. Gleichzeitig ist Indien bis heute in der öffentlichen Wahrnehmung verbunden mit Massenarmut, bis hin zum Hunger, und mit Seuchen. Zwar sind diese Probleme bis heute bei weitem nicht ausgemerzt, aber sie werden allmählich eingegrenzt und gemindert. Gleichzeitig ist Indien nach wie vor ein Kulturland mit einer unglaublich reichen Architektur, bildenden und darstellenden Kunst und faszinierenden Religionen. Vor allen aber begegnet uns in Indien eine kulturelle Welt, die in vieler Hinsicht unabhängig oder nur wenig beeinflusst von Europa ist. In Indien umgibt uns damit schlechthin „das Andere", aber auf einem vergleichbaren kulturellen Entwicklungsstand. In Indien treffen wir vielleicht mehr als in fast allen anderen Kulturen auf ein Gegenüber, das auch zur Reflexion eigener Bezüge der europäischen Kultur zwingt.

Das entstehende Netz an Verkehrsinfrastruktur wie auch der starke Ausbau der Kommunikationsnetze (Telefon, Internet, Bankautomaten) macht heute das Reisen in Indien einfach. Erleichtert werden Fortbewegung und Kommunikation auch durch die weite Verbreitung von Englisch zumindest in Bildungsschichten sowie im touristischen Gewerbe und im Handel.

Kriminalität ist in Indien keineswegs übermäßig verbreitet, auch wenn man natürlich gerade als Reisender stets vorsichtig sein muss. Insbesondere spielt Gewaltkriminalität nur eine sehr kleine Rolle.

Und schließlich ist Indien, abgesehen von den Metropolen, sehr preisgünstig. In den größten Städten allerdings wird die Übernachtung teuer. Aber bereits nahe bei den teuren und gut ausgestatteten Hotels kann man wiederum in einfachen Restaurants sehr preisgünstig essen. Durch die

◄ Arbeiterin bei der Sortierung von Kokosfasern.

niedrigen Löhne kostet außerdem ein Wagen mit Fahrer kaum mehr als ein Mietwagen, den man selbst steuert.

Infektionskrankheiten sind in Indien noch weit verbreitet. Die meisten können aber durch entsprechende Hygiene- und Ernährungsgewohnheiten verhindert werden. Eine Hepatitis-B-Impfung ist nicht nur für Indien, sondern auch für zuhause empfehlenswert. Die weiteren Impfungen hängen vom Reiseprogramm ab. So ist z. B. vor dem Besuch von Höhlen, in denen meist Fledermäuse leben, eine Tollwut-Impfung empfehlenswert. Dennoch muss man dem verbreiteten Eindruck widersprechen, in Indien sei man ständig von Seuchen bedroht. Die wohlhabenderen Schichten in Indien haben inzwischen eine Lebenserwartung, welche der europäischen entspricht. Allein dies spricht gegen eine ständige massive Lebensgefährdung durch Bakterien und Viren.

Die Erfahrung zeigt, dass in Indien Frauen durchaus auch ohne männliche Begleitung reisen können. Allerdings wird von ihnen erwartet, dass sie die Kontakte zu (fremden) Männern minimieren und diese nicht unbedingt auf offener Straße ansprechen oder sich ansprechen lassen. Gruppen pubertierender Jugendlicher können fremde Frauen durchaus massiv belästigen bis hin zu körperlicher Berührung, wenn man nicht von Anfang an energisch auftritt.

Trotz also mancher unerfreulicher Randerscheinungen ist Indien ein faszinierendes Reiseland, das die Sinne und den Intellekt des Reisenden stets herausfordert.

Trotz des Gedränges auf vielen Straßen – in Indien bleibt für jeden noch genug Platz.

Zitierte Literatur

Ahuja, Ravi (2006): Das Dickicht indischer Megastädte. Eine Annäherung. In: Ahuja, R. und C. Brosius (Hg.): *Mumbai. Delhi. Kolkata. Annäherungen an die Megastädte Indiens*. S. 7 - 15. Draupadi, Heidelberg.

Bähr, Jürgen (1997, 3. Aufl.): *Bevölkerungsgeographie. Verteilung und Dynamik der Bevölkerung in globaler, nationaler und regionaler Sicht*. Ulmer/UTB, Stuttgart.

Bergunder, Michael u. Peter, Rahul Das (Hg.; 2002): *„Arier" und „Draviden". Konstruktionen der Vergangenheit als Grundlage für Selbst- und Fremdwahrnehmungen Südasiens*. Frankesche Stiftungen, Halle.

Bronger, Dirk (1996): *Indien. Größte Demokratie der Welt zwischen Kastenwesen und Armut*. Klett, Gotha.

Christaller, Walter (1933): *Die zentralen Orte in Süddeutschland*. Jena.

Dittrich, Christoph (2004): *Bangalore. Globalisierung und Übelebenssicherung in Indiens Hightech-Kapitale*. Verlag für Entwicklungspolitik, Saarbrücken.

Fuchs, Martin (2006): Slum als Projekt: Dharavi und die Falle der Marginalisierung. In: Ahuja, R. und C. Brosius (Hg.): *Mumbai. Delhi. Kolkata. Annäherungen an die Megastädte Indiens*. S. 47 - 63. Draupadi, Heidelberg.

Georg-Westermann-Verlag (Hg.; 1981): Rohstoffe, Agrarprodukte. *Weltwirtschaftsatlas Bd. 1*. Braunschweig.

Georg-Westermann-Verlag (Hg.; 2008): *Diercke Weltatlas*. Braunschweig.

Hörig, Rainer (1990): *Selbst die Götter haben sie uns geraubt. Indiens Adivasi kämpfen ums Überleben*. Gesellschaft für bedrohte Völker, Göttingen.

Kulke, Hermann u. Dietmar Rothermund (1998): *Geschichte Indiens*. C. H. Beck, München.

Lemcke, Stephen u. Arnd Holdschlag (2007): Varanasi. Soziale Räumlichkeiten alltäglicher Wassernutzung. *Praxis Geographie* Jg. 37, H. 6, 2007. S. 28 - 32.

Mehta, Suketu (2006): *Bombay. Maximum City*. Suhrkamp, Frankfurt/M.

Michaels, Axel (1998): *Der Hinduismus*. C. H. Beck, München.

Ministry of Information (2010): *India 2010. Reference Annual*. New Delhi.

Müller, Thomas (2010): Straßenkinder in Indien. In: Don Bosco, Jugend Dritte Welt, *Patio* 13 (Hg.): Straßenkinderreport. Zur Lage der Kinder in der Welt. Online: http:www.straßenkinderreport.de [9.8.2010].

Nissel, Heinz (2004): Mumbai. Megacity im Spannungsfeld globaler, nationaler und lokaler Interessen. *Geographische Rundschau* H. 56, S. 55 - 60.

Ohl, Ulrike (2007): Bombay. Vom Leben in der Megastadt. *Praxis Geographie* H. 6, S. 10 - 15.

Petersen, Britta (2007): Mumbai. Die Slum-Schlacht. In: *Fluter*. Magazin der Bundeszentrale für Politische Bildung, H. 24, S. 38 - 43.

Schimper, A. F. W. (1898): *Pflanzengeographie*. Gustav Fischer, Jena.
Stang, Friedrich (2002): *Indien*. Wissenschaftliche Buchgesellschaft, Darmstadt.
Südasienbüro e.V. (Hg.; 2009): *Südasien* H. 3. Bonn.
Terre des hommes (2010): Straßenkinder. Daten und Fakten. Online: http://www.tdh.de/content/themen/schwerpunkte/strassenkinder/daten.htm [9.8.2010]
Vareschi, Volkmar (1980): *Vegetationsökologie der Tropen*. Ulmer, Stuttgart.
Wamser, Johannes (2005): *Standort Indien*. Lit Verlag, Münster.
Zastiral, Sascha (2008): Die Goldgrube. In: *Brand eins*, H. 1. Online: http://www.brandeins.de/archiv/magazin/-db806480d0/artikel/die-goldgrube.html [19.8.2010]
Zeitler, Horst (2008): Für wen strahlt Mumbai? Syndromverknüpfungen am Beispiel der Entwicklung Mumbais. *Praxis Geographie* H. 6, S. 28 - 35.

Bildnachweis

S. 1	© Francesco Cipolina. www.cepolina.com
S. 2	Nach: Maps of India
S. 8	© Johannes Wamser
S. 12	Nach: *Wirtschaftswoche*, 17.11.2008 (www.wiwo.de)
S. 14/15	Nach: Knox et al: *Humangeographie* (2008), Spektrum Akademischer Verlag
S. 16	David Castor (auf Wikipedia)
S. 17	© World Economic Forum, Cologny, Schweiz
S 20	© Peter Martens
S. 25	© Bettman/Corbis
S. 27	© backpacker/Fotolia
S. 40	© Guido Moscatelli
S. 43	© Guido Moscatelli
S. 60	© Dinodia Photos/Alamy
S. 62	R. Mehra (auf Wikipedia)
S. 66	© Tobias Majer
S. 64	Nach: Westermann: Diercke Weltatlas 2008
S. 72	© Andrea Willig
S. 87	Nach: Maps of India
S. 88	© Paul Springett 06/Alamy
S. 91	© TheFinalMiracle/Fotolia
S. 92	© TheFinalMiracle/Fotolia
S. 96	© Christina Frischholz
S. 98	Poster produced by South Orissa Voluntary Action, Bhubhaneswar. Mit freundlicher Genehmigung der Poster Women Collection. Zubaan, New Delhi
S. 100	© Muriel Magg
S. 102	© Muriel Magg
S. 103	Jaisingh Rathore (auf Wikipedia)
S. 106	© Andrea Willig
S. 108	© Florian Neukirchen
S. 112	© Bettina Saglio
S. 115	© Andrea Willig
S. 127	beide Bilder: © Tobias Majer
S. 131	Nach: F. Stang, Indien (2002). WBG Darmstadt
S. 132	© Sandra Benzinger
S. 135	Nach: *Praxis Geographie*, Heft 6 (2007)
S. 145	beide Bilder: © Tobias Majer

S. 147 © Tobias Majer
S. 148 © Tobias Majer
S. 157 © Aleksandar Todorovic/Fotolia
S. 168 Sandeep Dhirad (auf Wikipedia)
S. 169 © Bettina Saglio

Satellitenfoto auf dem Nachsatz mit freundlicher Genehmigung von Mark Ademko: http://de.academic.ru/

Index